中华传统文化国粹
经典文库

名家导读版

治家格言

〔清〕朱柏庐 ◎ 著
李硕儒 ◎ 导读

中国民族文化出版社
北京

图书在版编目（CIP）数据

治家格言 /（清）朱柏庐著；李硕儒导读 . —北京：中国民族文化出版社有限公司，2023.11（2024.1 重印）

（中华传统文化国粹经典文库：名家导读版）

ISBN 978-7-5122-1521-4

Ⅰ . ①治… Ⅱ . ①朱… ②李… Ⅲ . ①《朱子家训》Ⅳ . ① B823.1

中国国家版本馆 CIP 数据核字（2023）第 056966 号

治家格言
ZHIJIA GEYAN

作　　者	〔清〕朱柏庐
导 读 者	李硕儒
责任编辑	李路艳
责任校对	李文学
装帧设计	宋双成
出 版 者	中国民族文化出版社　地址：北京市东城区和平里北街 14 号
	邮编：100013　联系电话：010-84250639　64211754（传真）
印　　装	三河市南阳印刷有限公司
开　　本	710mm×1000mm　16 开
印　　张	19
字　　数	246 千
版　　次	2023 年 4 月第 1 版
印　　次	2024 年 1 月第 2 次印刷
标准书号	ISBN 978-7-5122-1521-4
定　　价	32.80 元

版权所有　侵权必究

中华传统文化国粹经典文库

品文化经典　通古今智慧

总策划

李继勇

　　策划人、出版人、北京书香文雅图书文化有限公司董事长。专业从事图书策划，儿童文学、儿童阅读推广，国内文化交流等。已成功策划"儿童文学光荣榜"系列、"爱阅读课程化丛书"系列、"文学百年·名家散文典藏"系列、"科幻文学群星榜"系列、"绘本里的世界"系列、"童诗百年"系列等多种类型出版物。

总顾问

于润琦

　　中国现代文学馆研究员、中国作家协会会员。总主编《插图本百年中国文学史》（3卷），主编《清末民初小说书系》（10卷）、《海派作家作品精选》（16册），校、注古典小说《型世言》《金屋梦》《中国古典文学海外珍稀本文库》30余种，参与编选《明、清、民国时期珍稀老北京话历史文献整理与研究》（30册）、《中国现代文学百家》（116册），以及《北京的门礅》《老北京的门楼》北京民俗著述多种。

导读者

（按姓名音序排列）

●薄克礼
文学博士，天津城建大学教授。攻文史，好四书。

●陈鹏程
历史学博士，天津师范大学文学院副教授。

●陈世旭
当代作家，曾任中国作家协会主席团委员、江西省文联主席兼作家协会主席。

●陈喜儒
作家、著名翻译家，曾任中国作家协会外联部副主任、中国外国文学学会日本文学研究分会会长。

●冯 蒸
首都师范大学文学院教授、博士生导师，北京国际汉字研究会理事、副会长。

●官 铎
管子思想理论和应用资深研究学者。

●关四平
哈尔滨师范大学文学院教授、博士生导师。主要从事中国古代小说及戏曲等研究。

●韩小蕙
著名作家，中国作家协会会员，中国散文学会副会长，南开大学文学院兼职教授。

●侯忠义
北京大学教授，曾任北京大学图书馆古籍整理研究室主任。主要从事先秦两汉文学史、文言小说研究。

●李海涛
天津师范大学历史文化学院教授，天津市孙子兵法研究会荣誉会长。

●李瑞兰
天津师范大学历史文化学院教授，曾任中国先秦史学会理事。

●李树果
资深《易经》研究者，中国散文诗学会理事，《中华时报》记者。

●李硕儒
作家、著名编剧。合著长篇历史小说《大风歌》获重庆市"五个一工程奖"。

●廉玉麟
天津中医药大学第一附属医院主任医师、教授。

●林海清
天津师范大学国际教育交流学院副教授，天津市红楼梦研究会副秘书长兼理事，中国三国演义学会、中国水浒学会会员。

◎ 林 骅
天津师范大学文学院教授，曾任古典文献研究所所长，天津市红楼梦研究会顾问。

◎ 马文大
首都图书馆研究馆员、北京地方文献中心主任，北京史研究会副会长。

◎ 孟昭连
南开大学文学院中国语言文学系教授，中国东方文化研究会理事。

◎ 宁稼雨
南开大学英才教授、博士生导师，2017年度国家社科基金重大项目"全汉魏晋南北朝小说辑校笺证"首席专家。

◎ 宁宗一
南开大学学术委员会委员、中国武侠文学学会名誉会长、中国儒林外史学会副会长。

◎ 牛 倩
天津大学国际教育学院副教授，硕士研究生导师。

◎ 欧阳健
福建师范大学文学院教授，曾任《明清小说研究》杂志主编。

◎ 潘务正
安徽师范大学文学院教授，教育部人文社会科学重点研究基地安徽师范大学中国诗学研究中心副主任，中国韵文学会赋学专业委员会（中国辞赋学会）副会长。

◎ 乔卉林
中国城乡金融报社记者。其作品曾多次获得奖项。

◎ 尚学峰
又名尚学锋。文学博士，北京师范大学文学院教授。

◎ 邵永海
北京大学中文系教授。主要从事汉语史方面的教学和研究工作。

◎ 石定果
北京语言大学人文学院教授，汉语言文字学博士。著有《说文会意字研究》等多部作品。

◎ 石 厉
原名武砺旺。著名诗人，文艺理论家。《诗刊》编委，《中华辞赋》杂志总编辑，中华诗词学会副会长。

◎ 石 麟
湖北师范大学文学院教授。中国水浒学会会长。

◎ 孙立仁
曾任《中国老年报》社长，发表多篇小说、诗歌、散文、报告文学等。当代篆刻家。

◎ 孙钦善
北京大学中文系教授，全国高等院校古籍整理研究工作委员会委员，中华炎黄文化研究会理事。

◎ 田秉锷
江苏省文艺评论家协会顾问，徐州市孔子学会顾问，江苏师范大学客座教授。

◎ 王建新
中国历史文献研究会理事，中原传媒集团出版部副主任。

◎ 王 蒙
著名作家、学者，文化部原部长。茅盾文学奖获得者。多年来致力于传统文化研究。2019年获"人民艺术家"国家荣誉称号。

◎ 王晓华
民国史专家，中国第二历史档案馆研究馆员。中央广播电视总台、北京电视台、湖北卫视等多个栏目主讲嘉宾。

◎ 吴 波
湖南农业大学教授、党委委员、副校长，中国儒林外史学会副会长，湖南省古代文学学会副会长。

◎ 武道房
安徽师范大学中国诗学研究中心教授。

◎ 徐 刚
诗人，作家。曾获鲁迅文学奖、郭沫若散文奖、中国报告文学终身成就奖等。

◎ 俞 前
中国作家协会会员，苏州市吴江区南社研究会会长，苏州南社文化研究院副院长。

◎ 查洪德
文学博士，南开大学中国语言文学系教授，博士生导师。内蒙古元代文学学会会长。主要从事元明清文学与文献研究。

◎ 张秋升
曲阜师范大学历史文化学院教授，主要研究儒家史学理论。

◎ 张世林
新世界出版社编审，著有《大师的侧影》等著述。

◎ 张弦生
中州古籍出版社编审、副总编辑。

◎ 郑铁生
天津外国语大学教授，原中国三国演义学会常务副会长兼秘书长，曾任中国红楼梦学会学术委员会委员、北京曹雪芹学会副会长。

◎ 周传家
北京联合大学应用文理学院教授，中国昆剧古琴研究会副会长，中国戏剧文学学会顾问，中国戏曲学会常务理事。

◎ 卓 然
原名王坤元，笔名卓然。作家，诗人。著有中短篇小说集《我记忆中的河》、散文集《天下黄河》等作品。

名家导读

家有家风，国有国风，时代（社会）有世风。家风正，则家兴；国风正，则国强；世风正，则气象轩然、风姿优雅、万邦和畅。自人类创造婚姻始，之后即繁衍为家，家庭繁衍成族群，众多族群组成国家，众多国家联结成人类社会……欲使人类社会健康昌达，就要从育人、兴家做起。《礼记·大学》中早有所言："古之欲明明德于天下者，先治其国；欲治其国者，先齐其家；欲齐其家者，先修其身；欲修其身者，先正其心；欲正其心者，先诚其意；欲诚其意者，先致其知……"这也就是后人讲到励志兴家治国时常说的"修身、齐家、治国、平天下"的原本出处，由此可见儒家始祖孔子的远见卓识。两千多年来，中华民族基本以儒家文化为树人立国之宗旨，故而凡修身、齐家、治国的著述大抵以此为宗，再结合作者自身的经历、体悟，变得更丰富，更生动，更有说服力，而明末清初著名理学家、教育家朱柏庐所著《朱子治家格言》就是其中的佼佼者。因其特殊的家庭境遇，他孤高耿介不媚流俗，坚守民族气节辞官不做，孝母育弟倾心向学，他的遗言"学问在性命，事业在忠孝"即足以表明其人、其心、其志。本书以《朱子治家格言》为纲，以古今先贤、君王、将相、樵夫村姑的故事传说为目，生动传神、娓娓道来，将其格言讲得形象深刻，以传承经典、教化后人，这对今天弘扬中华文明，继承民族精神，醇化社会风尚，增强民族软实力，不啻为一部雅俗共赏、老少咸宜的好教材。

治家非小事，可又必须从一件件小事做起，朱柏庐深谙其道，所以其格言开篇即"黎明即起，洒扫庭除，要内外整洁。既昏便息，关锁门户，必亲自检点"。初看似有些啰唆絮叨，可要做到天天如此、终生如此，你就能成为一个勤奋好学、严谨整洁而又富有修养的人。为使其生动深刻，本书以祖逖闻鸡起舞、章学诚勤能补拙、孔子废寝忘食等故事予以强化阐释。接着是"一粥一饭，当思来处不易；半丝半缕，恒念物力维艰"，从字面自是不难理解，无非是教人要节俭、戒浪费，但书中所举例证却让人久久难忘。因苏东坡的诗词既有如"大江东去，浪淘尽"的磅礴气势，又有"十年生死两茫茫"的凄美柔情，在官场上几经浮沉，客死常州，再加至今绵延不衰的东坡肉、东坡肘子等美味，在人们心目中，他应该是洒脱豪放、不拘小节的一位大文豪，是位不计花销的美食家，可有谁知道，他在生活用度上是那样令人难以想象的节俭！因为屡经贬谪，为渡难关，他将一再降低的薪俸精打细算，计划开支。也有过平反昭雪又复腾达的时候，即使这时他也自定规矩，每顿只一饭一菜，如有来客，再加两菜。他赴别人宴请时也总预先约定绝不铺张。他一生都谆谆教导家人要未雨绸缪，要自奉俭约，即使事业腾达、家境殷实时，也要坚守自奉。看得出，这些都是对儿孙的修身教育。他先后做过吏部尚书、太守、通判、团练副使，他在官场沉浮多半生，却从未贪过一粒米、一丝棉，他的子孙也无一贪官。

及至子孙成年，即要择偶成家，而家风淳厚与否，择偶是决定性的一步。无论是市井小民还是官宦之家都慎之又慎。于是，朱柏庐指出："三姑六婆，实淫盗之媒；婢美妾娇，非闺房之福""奴仆勿用俊美，妻妾切忌艳妆。"意即喜欢搬弄是非的人不可亲近，美丽的妾媵环绕未必是好事，不要选貌美的人做仆人婢女，妻妾也不要浓妆艳抹。为阐明朱柏庐之意，本书特举了董卓因好色中了美人计，周幽王为讨褒姒一笑而误国，夫差因西施而亡国的事例。后面他又指出："嫁女择佳婿，毋索重聘。娶媳求淑女，毋计厚奁。"其实，朱柏庐之意未必在说"重聘"与"厚奁"，他在意的却是求"佳婿"与"淑女"。本书深谙其意，于是不吝引黄帝择妻之语说："重美貌不重德者，非真美也；重德轻色者，才是真贤！"黄帝这样说，也这样做，他以这样的标准娶来的第四位妻室嫫母，虽远不如前三位妻室美艳，甚至是有名的丑女，但却是最贤德、最温柔、最能施教化的女人，她教宫中女人制作衣冠、梳妆打扮，还教她们面对盆中水或溪中水整理仪容，她称此为"鉴于水"。诸葛亮也是持此标准择妻以致拖成晚婚，直到二十五岁时，他听说沔南一名叫黄月英的女子扬言非诸葛亮不嫁。诸葛一打听，此女竟是道德文章冠绝一时的黄承彦之女，此女熟读经史，博学多才，贤淑得体，善持家，人善良，只是身材壮硕，脸黑发黄，小名阿丑。这并未使诸葛亮却步，于是他乔装简从、不报姓名，来到黄家门前。黄月英从他的风仪姿容已度出此人即诸葛亮，待其父将其迎入厅堂，诸葛亮早被院中的花木、厅中的书卷，特别是黄月英所绘曹大家宫苑授书图深深吸引，待黄月英亲自托盘奉茶而至时，诸葛亮并未注意她的身材和面容，只看到一双清澈的大眼睛和大方的举止，于是两人一见钟情。婚后，她成了诸葛亮的贤内助，据说，诸葛亮克敌制胜的不少妙计都有黄月英的智慧和功劳。

无论什么样的家庭都是由一对对夫妻组成的，每个家庭的子孙都刻有其原生家庭的文化烙印，烙印起自家教家风，家风由历代夫妻所染，故此，无论男女，择偶标准都关乎整个家族的命运，这就是朱柏庐一再强调此点的初衷，也是树人齐家的关键。

此外，如孝亲祭祖、父慈子孝、兄友弟恭、谦恭尚义、温恤礼让、有恩要报、济人不图报、不妒人多责己、不恃强凌弱、戒奢靡不炫富、不嫌贫不追富、倡刻苦、勤读书……格言对各方面修养皆教而无遗。其中，曾国藩的"教子五招"尤为引人注目：一、清晨即起，戒除怠惰；二、男子每天除读书、写字、写作外，还要洒扫庭除、养鱼、喂猪、种菜，曾国藩将其称为书、蔬、鱼、猪、早、扫、考、宝治家八事；三、务节俭，戒奢侈，包括用具、饭食、衣着皆有规定，每月生活所需银两限一成数，另封称出。本月用毕，只准盈余，不准亏欠，因为世家子弟欲成大器，就需崇俭；四、门第越高，越应谦虚待人，谨慎处事，切不可盛气凌人，仗势胡为；五、重读轻仕，"凡人多望子孙为大官，余不愿为大官，但愿为读书明理之君子"。皆因治家如此，曾家世代奇才迭出：其子曾纪泽诗文书画俱佳，又自修英、法、俄三国语言，成为著名的外交家；其子曾纪鸿受"雪国耻"之教影响，自少年起即钻研数学，他敏思锐进，创立新法，有《对数评解》《圆率考真图解》《粟布演草》等专著传世，是我国近代著名数学家。孙子曾广钧是位诗人，曾孙曾宝荪、曾约农皆为国际著名学者和教育家，其余后人也多为学者。

省思世风日渐不古，骄狂奢靡之风日盛的今天，原因多多，如价值观的偏颇，重物轻心之风的迷乱，知识爆炸反而不读书、浅读书的心态浮泛……但更重要的是疏淡了家庭教育和修身与治家的意念，因此《治家格言》的出版必将给人一种久违的亲近，必将带给人一种精神的靠岸。自然，由于时代的局限，朱柏庐在本书中的一些思想观念落后，但只要稍加辨析，读者自会取其精华、弃其糟粕，受益多多。

李硕儒

黎明即起,洒扫庭除,要内外整洁。
既昏便息,关锁门户,必亲自检点。 / 001
一粥一饭,当思来处不易;半丝半缕,恒念物力维艰。 / 005
宜未雨而绸缪,毋临渴而掘井。 / 013
自奉必须俭约,宴客切勿留连。 / 019
器具质而洁,瓦缶胜金玉。饭食约而精,园蔬胜珍馐。 / 027
勿营华屋,勿谋良田。 / 033
三姑六婆,实淫盗之媒;婢美妾娇,非闺房之福。 / 038
奴仆勿用俊美,妻妾切忌艳妆。 / 045
祖宗虽远,祭祀不可不诚。 / 053
子孙虽愚,经书不可不读。 / 061
居身务期质朴。 / 066
教子要有义方。 / 073
勿贪意外之财。 / 082
勿饮过量之酒。 / 088
与肩挑贸易,勿占便宜。 / 093
见贫苦亲邻,须多温恤。 / 096
刻薄成家,理无久享。 / 102
伦常乖舛,立见消亡。 / 112
兄弟叔侄,须分多润寡。 / 119
长幼内外,宜法肃辞严。 / 123
听妇言,乖骨肉,岂是丈夫? / 128
重资财,薄父母,不成人子。 / 130
嫁女择佳婿,毋索重聘。娶媳求淑女,毋计厚奁。 / 135
见富贵而生谗容者,最可耻。 / 145
遇贫穷而作骄态者,贱莫甚。 / 154

居家戒争讼，讼则终凶。/ 160

处世戒多言，言多必失。/ 170

毋恃势力而凌逼孤寡。/ 175

勿贪口腹而恣杀牲禽。/ 180

乖僻自是，悔误必多。/ 182

颓惰自甘，家道难成。/ 186

狎昵恶少，久必受其累。/ 191

屈志老成，急则可相依。/ 198

轻听发言，安知非人之谮诉，当忍耐三思。/ 204

因事相争，安知非我之不是，须平心暗想。/ 210

施惠勿念。/ 213

受恩莫忘。/ 219

凡事当留余地。/ 226

得意不宜再往。/ 232

人有喜庆，不可生妒忌心。人有祸患，不可生喜幸心。/ 238

善欲人见，不是真善。/ 242

恶恐人知，便是大恶。/ 245

见色而起淫心，报在妻女。/ 252

匿怨而用暗箭，祸延子孙。/ 256

家门和顺，虽饔飧不继，亦有余欢。/ 263

国课早完，即囊橐无余，自得至乐。/ 270

读书志在圣贤，非徒科第。/ 277

为官心存君国，岂计身家。/ 284

【原文】

黎明即起,洒扫庭除①,要内外整洁。既②昏便息,关锁门户,必亲自检点。

【字词注解】

①庭除:指庭院和台阶。
②既:已经。

【精彩解说】

每天早晨天一亮就要起床,把院子和台阶打扫干净,室内室外都要干净整洁。到了晚上就要休息,并亲自检查一下门窗是不是已经关好。

【智慧解析】

这两句讲的是居家生活要注意的问题。人们的生活日复一日,而一天中最重要的标志,就是早上起床和夜晚入睡,治家就要先从这两件事入手。早上应该早起,开始新的一天的生活,新的一天要有它该有的样子。总之,美好目标的实现有赖于良好的生活和学习习惯,让我们自省、自律,养成良好的行为习惯吧!

拓展阅读

功夫不负有心人

晋代的祖逖是个胸怀坦荡、怀有远大抱负的人,可他小时候却是个不爱读书的淘气孩子。进入青年时代,他意识到自己知识贫乏,深感不读书无以报效国家,于是就发奋读书。他广泛阅读书籍,认真学习历史,从中汲取了丰富的知识,学问大有长进。他曾几次进出京都洛阳,接触过他的人都说，祖逖是个能辅佐帝王治理国家的人才。祖逖二十四岁的时候，曾有人推荐他去做官，他没有答应，仍然不懈地努力读书。

后来，祖逖和好友刘琨都担任司州主簿。他与刘琨感情深厚，不仅常常同床而卧，同被而眠，而且还有着共同的远大理想：建功立业，复兴晋国，成为国家的栋梁之材。

一次，半夜的时候，祖逖在睡梦中听到公鸡的鸣叫声，便一脚把刘琨踢醒，对他说："别人都认为半夜听见鸡叫不吉利，我偏不这样想，以后咱们听见鸡叫就起床练剑如何？"刘琨欣然同意。于是他们每天听见鸡叫后就起床练剑，剑光飞舞，剑声铿锵。冬去春来，寒来暑往，从不间断。功夫不负有心人，经过长期的刻苦学习和训练，他们终于成为能文能武的全才，既能写得一手好文章，又能带兵打仗。祖逖被封为镇西将军，实现了他报效国家的愿望；刘琨做了征北中郎将，兼管并、冀、幽三州的军事，也充分发挥了他的文才武略。

天道酬勤，勤能补拙

清朝时有一位著名的学者，名字叫章学诚。

章学诚小的时候并不是一个聪明的孩子，他的记忆力很差，身体也很瘦弱。等到了上学的年龄，父母送他到私塾念书，别的孩子背书很快就能滚瓜烂熟，而章学诚读书却感到十分吃力，一天的时间也读不熟几个字。每天放学的时候，别的孩子都高高兴兴地去玩耍了，章学诚却还在一遍一遍地复习当天的功课。

父亲看到儿子学习那么吃力，每天累得筋疲力尽，心里又着急又难受，亲戚朋友们看到章学诚都叹息地说："这个孩子天生智力差，长大了也不会有什么大出息。"每次章学诚听到这样的话，心里都特别难过。

亲戚朋友们的话虽然不好听，但却激发了章学诚学习的信念，他不灰心，不丧气，每天坚持读书。有一天，他读了一本叫《中庸》的书，有这样一段话："人一能之，己百之；人十能之，己千之。果能此道矣，虽愚必明，虽柔必强。"意思是说，别人学一次就能学会了的东西，自己学它一百次；别人学十次就能学会了的东西，自己学它一千次。如果真能坚持那样做，再笨的人也能变得聪明强大起来，再柔弱的人也能变得坚强。

章学诚觉得这几句话非常符合自己的情况，就决定要像书上说的那样做，比别人用更多的时间，勤学苦读，从而使自己聪明强大起来。从那以后，他学习更加刻苦了。

经过长时间的刻苦学习，章学诚不但学习成绩有了明显的提高，而且还摸索出了一套很有效的学习方法。

在课余时间里，他读了许多古代著名思想家的作品，而且在读书时力求做到脑勤手勤。脑勤就是认真读书，勤于思考；手勤就是在读书的时候做好笔记。每次他读古人的作品，遇到精彩的片段，总是摘抄到自己的小笔记本上；碰到他不认同的观点，他就加上批语，说明他为什么不认同；碰到自己想不通的问题时，他会随时记录下来，向懂的人请教。章学诚学习真的做到了温故知新，融会贯通。

后来他成为杰出的史学家，写了一部非常有名的历史学著作《文史通义》，其中的很多章节就来自于他平时做的读书笔记。

凿壁借光

西汉时期，有个农民的孩子叫匡衡。他小时候很想读书，可是家里穷，没钱上学。后来，他跟一个亲戚学认字，才有了看书的能力。

匡衡买不起书，只好借书来读。那个时候，书是非常贵重的，有书的人不肯轻易借书给别人。匡衡就在农忙的时节，给有钱的人家打短工，不要工钱，只求人家借书给他看。

过了几年，匡衡长大了，成了家里的主要劳动力。他一天到晚在地里干活，只有中午歇息的时候，才有工夫看书，所以一卷书常常要十天半月才能够读完。匡衡很着急，心里想：白天种庄稼，没有时间看书，我可以利用晚上的时间来看书。可是匡衡家里很穷，买不起点灯的油，怎么办呢？

有一天晚上，匡衡躺在床上背白天读过的书，背着背着，突然看到东边的墙壁上透过来一线亮光。他霍地站起来，走到墙壁边一看，原来从壁缝里透过来的是邻居家的灯光。于是，匡衡想了一个办法：他拿了一把小刀，把墙缝挖大了一些。这样，透过来的光亮也大了，他就凑着透进来的灯光，读起书来。

匡衡就是凭借这样刻苦地学习，后来成了一个很有学问的人。

废寝忘食

孔子，名丘，字仲尼，是春秋末期的思想家、政治家和教育家，儒家学派的创始人。

孔子年老时，开始周游列国。在他六十四岁那年，来到了楚国的叶邑（今河南叶县附近）。

叶邑大夫沈诸梁热情地接待了孔子。沈诸梁，人称叶公，他听说孔子是个很有学问的人，教出了许多优秀的学生，对孔子本人并不十分了解，于是向孔子的学生子路打听孔子的为人。

子路虽然跟随孔子多年，但一时却不知怎么回答，就没有作声。

后来，孔子知道了这件事，就对子路说："你为什么不回答他'孔子的为人呀，努力学习而不厌倦，甚至忘记了吃饭；津津乐道于授业传道，而从不担忧受贫受苦；自强不息，甚至忘记了自己的年纪'这样的话呢？"

孔子的话，显示出他有着远大的理想，却安贫乐道。

一粥一饭，当思来处不易；半丝半缕，恒念物力维艰①。

【字词注解】

①物力维艰：指财物来之不易。

【精彩解说】

无论是一碗粥还是一顿饭，我们都应当想到它们来之不易；半根丝或半条线，我们也要经常想一想这些物资的产生要经过多少艰辛。

【智慧解析】

这句话告诉我们生活中应该注意节俭，我们应该知道我们花的每一分钱、我们吃的每一顿饭都来之不易，不能随意挥霍，要时刻保持勤俭节约的好习惯。

拓展阅读

苏东坡节俭自律

苏东坡是宋代著名的文学家。他曾做过宋哲宗的侍读，在给皇帝的奏章中讲述皇帝成功治理天下必须注意的六件事，其中很重要的一件事是：讲节俭，简约朴素，不伤民财。到了宋神宗时期，有一次神宗要大办元宵节，准备购买浙灯四千盏。苏东坡反对这种铺张浪费、劳民伤财的做法，就大胆写了《谏买浙灯状》。神宗认为他的意见是对的，决定不再购买浙灯。

苏东坡二十一岁中进士，做了四十多年官，有得意之时，也有被贬的不幸遭遇。不管是处于顺境还是逆境，他都节俭自律，极力反对奢侈。他认为奢侈腐化、大吃大喝不仅有害风气，也有害身体。在给一位友人的信中，他写道："口腹之欲，何穷之有？每加节俭，亦是惜福延寿之道。"意思是说，人的欲望是没有穷尽的，注意节俭，对身体和事业都有好处。

由于他养成了节俭的好习惯，所以他被贬官到偏远地区时，也没有被贫困窘迫吓倒。

为了解决困难，他将年俸精打细算，计划开支。具体办法是：将收入分为十二份，每月用一份，每份又分成三十小份，每日用一小份。他把分好的这些钱装在口袋里挂在房梁上，以后每日清晨取下一包。取下这包钱，再计划一下，先买急需的，能省就省。一日下来，决不超支。每日剩下的钱，他又装入另备的一只竹筒里，以备紧急之时使用。他用精打细算的办法度过了被贬的岁月。

当他仕途顺利时，身居高位也不忘节约。他给自己规定，每顿饭只能是一饭一菜。若来了客人，也只许加两个菜。如果亲朋好友请他去做客，他也事先告知对方，不要铺张，不然他就拒绝入席。

一次，他的一位好友远道而来。两人多年不见，分外亲热。好友请他去叙旧，苏东坡推辞不过，再三叮嘱他按老规矩，不可铺张。友人连连答应。

第二天，苏东坡应约赴宴。当他来到友人家中一看，大吃一惊。原来，友人觉得多年不见，今日宴请苏东坡，饭菜理应丰盛一些，而在苏东坡看来，这顿饭却是过于奢华了。

苏东坡皱皱眉头，说："我们有约在先，怎么还这样铺张？"友人一再解释说："按我原意，比这还要丰盛，已经按兄长之意减去了一半。"

苏东坡摇摇头，说："你还是不了解我呀，我不是嘴上说说而已，而是从心眼儿里反对浪费的。请你撤去多余的饭菜，够我二人食用即可，不然，我就要告辞了。"

友人点点头，心里顿时生起敬佩之意，说："好，按你的意思办。"

仆人撤去一大半饭菜，仅剩下四个盘子和一壶酒。苏东坡笑着说："这不是很好嘛！"他和友人举起酒杯，热情地叙谈起来。

季文子以俭为荣

春秋时期，鲁国有一位很有政治才干的宰相，他的名字叫季文子。

季文子在鲁国从政时间长、职位高，却十分俭朴。平日里，他最看不惯那些以炫耀财富为荣的贵族，尤其厌恶讲排场、搞浮华的风气。他的住房极其简陋，平日饮食也总是粗茶淡饭。平时他很少穿丝绸衣服，就连他家的仆人也比一般有钱人家的仆人要俭朴得多。季文子家的马匹，从不允许多喂粮食。

季文子厉行节俭，看不惯贵族奢侈腐化的生活，而那些铺张浪费、爱讲排场的人也看不惯他。

鲁国的大臣孟献子的儿子仲孙速不懂得节俭是一种美德。他见季文子出入朝廷时常穿布衣，坐的马车也十分寒酸，就耻笑季文子说："大人做宰相这么多年了，连件像样的丝绸衣裳也没有。喂马不用粮食，只喂草。大人坐这样的瘦马拉的破车，难道不怕别人笑话吗？再说，大人处处这样小气，要是让别国人知道了，还以为我们鲁国不知穷成什么样子了呢！"

季文子听了仲孙速的话，心平气和地对他说："我认为您没有真正懂得什么是光荣、什么是气派。我觉得，一个人身处恶劣环境，懂得节俭，这是不难办到的；但一个人身处高位，物质条件极其丰厚，仍能注重节俭，就不那么容易了。因为一般人很容易为自己的贪欲所支配。但是一个真正有道德修养的人却能克制贪欲，因为他懂得俭朴能使人积极向上。这样的人才是真正有修养、有气派、令人钦佩的人。我想，一个国家的大臣如能厉行节俭、艰苦奋斗，上行下效，这个国家会很快形成一种节俭、奋斗的风气，这个国家就会越来越强大，抵御外来侵略的能力也会越来越强。您怎么能说节俭是丢脸的事情，是会使国家衰败的事情呢？"

季文子一番话语重心长。仲孙速无言对答，只得红着脸走开了。

又有一次，季文子家中来了一位贵宾。这位贵宾非常赏识季文子的才华，见他案头的文具过于陈旧，特地为季文子送上一套非常考究的文具。

季文子见人家一片诚意，就对客人风趣地说道："您看我居室中哪样东西能和您这件礼物相配呢？我用惯了旧物件，要是一下子用上您这东西，恐怕文思会大减的。我看您还是留着自己用吧！"就这样，季文子硬是让他把礼品收了回去。

公元前568年，季文子因病逝世。鲁国国君前往吊唁，发现随葬品都是些破旧的东西，不禁问道："家中难道不舍得拿出些值钱的东西陪葬吗？"

季文子家人听罢，摇着头答道："家中实在没有一件金、玉之类的贵重物品。"

鲁国国君不解地问道："为什么不购置些呢？"

季文子的管家听罢，含着泪说："国君，我家主人一生节俭，还常为国事而解私囊，家中一点儿积蓄也没有。如若不信，这里有账可查。"管家向国君奉上季文子家的账簿。

鲁国国君边看边点头，随行的不少官员也大为震撼。此事传至百姓中，人们都夸赞季文子清廉节俭、品德高尚。

吴隐之卖狗嫁女

东晋人吴隐之家境贫寒,但人穷志不穷,他饱览诗书,以儒雅显于世,即使每天喝粥,也不受外来之财。母亲去世时,他悲痛万分,每天以泪洗面,行人皆为之动容。当时韩康伯是他的邻居,康伯之母曾对康伯说:"你若是当了官,应当推荐像他那样的人做官。"

后来康伯成了吏部尚书,便推荐吴隐之为辅国功曹。当时吴隐之的哥哥吴坦之为袁真功曹,袁真被桓温打败,坦之被俘,将要被杀头。隐之拜见桓温,请求以身赎兄,桓温认为隐之是难得的忠义之士,放了坦之,奏拜隐之为奉朝请、尚书郎。做官后,吴隐之依然厌恶奢华,不肯搬进朝廷给他准备的府邸,多年来全家住在几间茅草房里。后来,他的女儿出嫁,人们想他一定会好好操办一下,谁知大喜这天,吴家仍然冷冷清清。谢石将军的管家前来贺喜,看到一个仆人牵着一条狗走出来。管家问道:"你家小姐今天出嫁,怎么一点儿筹办的样子都没有?"仆人皱着眉头说:"别提了,我家主人太过节俭了。小姐今天出嫁,主人昨天晚上才吩咐准备。我原以为这回主人该破费一下了,谁知主人竟叫我今天早晨到集市上去把这条狗卖掉,用卖狗的钱置办东西。你说,一条狗能卖多少钱?我看平民百姓嫁女儿也比我家主人气派啊!"管家感叹道:"人人都说吴大人是少有的清官,看来真是名不虚传。"

后来吴隐之调任晋陵太守,妻子仍负柴做饭。孝武帝很器重他,任用他为御史中丞、左卫将军。后来吴隐之又历任中书侍郎、国子博士、太子右卫率、著作郎、右卫将军等职。

隆安年间(397—401年)朝廷想革除岭南的弊端,任命吴隐之为龙骧将军、广州刺史,领平越中郎将。吴隐之赴任途中行至距广州二十里处的石门,遇一山泉,当地人皆说喝了此泉之水就会变得贪婪无比，故名"贪泉"。吴隐之对家人说："如果压根儿没有贪污的欲望，就不会见钱眼开，说什么过了岭南就丧失了廉洁，纯属一派胡言。"说着他走到泉边舀了就喝，并赋诗一首："古人云此水，一歃怀千金。试使夷齐饮，终当不易心。"上任后，他廉洁奉公、清俭勤苦，始终不渝，所食不过稻米、蔬菜和干鱼，穿的是粗布衣衫，住处的帐帷摆设均交到库房。有人说他摆样子，吴隐之笑而不语，一如既往地这样做。部下送鱼，每次都剔去鱼骨，吴隐之对这种媚上作风非常厌烦，总是呵斥惩罚后将其赶出帐外。经过惩贪官、禁贿赂，广州官风有所好转。元兴初，皇帝下诏，晋升他为前将军，赐钱五十万，谷千斛。

吴隐之在广州任职多年，离任返乡时，小船上放的仍是初来时的简单行装。唯有妻子买的一斤沉香不是原来的物件，吴隐之认为来路不明，立即夺过来丢到水里。到家时，家里只有茅屋六间，篱笆围院。刘裕赐给他牛车，还为他盖了一座宅院，隐之坚决推辞掉了。后吴隐之升任度支尚书、太常，仍洁身自好，清俭不改，生活如平民。每得俸禄，留够口粮，其余的都分发给别人。家人以纺线度日，妻子不沾一分俸禄。寒冬读书，吴隐之常身披棉被御寒。

义熙八年（412年），吴隐之告老还乡，授光禄大夫，加金章紫绶，赐钱十万，米三百斛。义熙九年（413年）卒。追封左光禄大夫，加散骑常侍。

节俭治国的隋文帝

隋文帝称帝前，深知暴虐的统治不得人心的道理，于是在他自己当了皇帝后，唯恐重蹈覆辙。特别是他感到自己的皇位来得太容易，怕人心不服，所以总是提醒自己谨慎地处理政事，注意节俭。有一次，他患痢疾，配止痢药，要用一两胡粉，找遍宫中也没有找到；又有一次，他想找一条织成的衣领，宫中也没有；他的车马用具坏了，就派人去修补，不许做新的。平时，他留意民间疾苦。有一年，关中闹饥荒，他看到百姓吃糠拌豆粉，就拿来给大臣们看，责备自己没有治理好国家，下令饥荒期间人人都不可以喝酒吃肉。

他教导太子杨勇说："自古以来，没听说有奢侈腐化而能长治久安的。你是太子，应当注意节俭。"他很注意皇亲国戚的行为，他们要是犯了法，一律严惩。他的三儿子秦王杨俊在灭陈的时候立下战功，受到奖励。后来，杨俊觉得自己是皇子，又有战功，生活便越来越奢侈，根本不把法律放在眼里。他指使手下的人放高利贷、敲诈勒索，导致许多小官吏和老百姓倾家荡产。隋文帝听说以后，特地派人去调查处理，把杨俊手下的几十个人抓了起来。可是，杨俊不但不收敛，胆子反而越来越大。他模仿皇宫建造自己的宫殿，用外国进贡的香料涂抹墙壁，用美玉、黄金装饰台阶，宫殿的墙上到处镶着镜子，还搜罗了许多美女，日夜寻欢作乐。隋文帝知道了这些情况后，非常生气，下令罢免了杨俊的官职，并把他关了起来。将军刘升以为隋文帝不过是一时气愤，就去说情。他对隋文帝说："秦王不过是多花了些钱，把房屋修得稍好一些，这算什么大错？我认为陛下的处罚过重了。"隋文帝严肃地说："法不可违，不论什么人都得遵守国家的法律。"刘升以为隋文帝不过是说说而已，就坚持说："秦王还年轻，这算不了什么大错，陛下就饶了他吧！"还没等刘升说完，隋文帝就站起来走了。

过了几天，大臣杨素也来劝隋文帝赦免杨俊。隋文帝说："照你们的说法，为什么不另立一部'皇子律'？任何人犯罪，都得依同一部法律制裁！"

杨俊听说隋文帝拒绝了杨素的请求，又担心又害怕，就病倒了。病中，他给隋文帝写信表示认罪，请求宽恕。隋文帝对送信的人说：

"你回去告诉杨俊,我艰苦创业,都是为了他们,希望大隋天下可以传承千秋万代。他是我的儿子,反倒要把杨家的天下断送,叫我还有什么可说的?"

没过几天,杨俊病死了。他手下的人请求给杨俊立个石碑,隋文帝不同意,说:"想要留名,在史书上记一笔就足够了,何必立碑!"随后,隋文帝吩咐人把杨俊府中奢侈华丽的装饰全部毁掉。

隋文帝把过去行之有效的制度加以发展,比如继续推广均田制,规定一个男劳力可分田八十亩,一个女劳力可分田四十亩。这样做虽然得田最多的还是官僚大地主,但是毕竟使无地的农民多少分到了一些土地,使地主兼并土地受到了限制,提高了农民的生产积极性。

由于广大农民辛勤劳动,加上隋文帝节俭执政,只用了二十几年,隋朝的经济就发展并繁荣起来,政府的仓库也都装得满满的。直到隋朝灭亡二十年后,隋朝仓库的粮食都没有用完。

宜未雨而绸缪①，毋临渴而掘井。

【字词注解】

①未雨而绸缪：比喻事前做好准备工作。

【精彩解说】

凡事要先做准备，就像天还没下雨，就要先把房子修补完善；不要临时抱佛脚，就像口渴的时候才想起来要掘井。

【智慧解析】

这句话告诉我们凡事应该先做好准备，不要等到事情发生了才去做，那时候已经于事无补了。都说亡羊补牢，为时未晚，许多人都等着丢了羊才去补羊圈，觉得那也没什么。其实这种思想极其谬误，试想，如果你能在羊丢之前把羊圈补好，那么一只羊也不会丢了。

拓展阅读

临渴掘井

春秋时期，鲁昭公被逐出国，逃亡到齐国。齐景公对此感到有些不解，他问鲁昭公："你正是年轻有为的时候，怎么就把国君的位置丢了呢？"

鲁昭公回答说："刚开始的时候，大臣们都对我很好。很多人经常鼓励我，而我没有亲近他们；也有很多人经常劝诫我，而我也没有听信他们。因此，慢慢地大家不再亲近我，也不再劝诫我，我在朝廷内没有心腹，普通百姓也不支持我，真正爱护我的人一个也没有，奉承我、欺骗我的人反倒越来越多。我就好比秋天的蓬草，表面上枝叶似乎还很好看，其实根茎都已经枯萎了。秋风一起，就连根拔掉了。"

齐景公听了，认为颇有道理，便把这番话转告给齐国大夫晏子。齐景公对晏子说："要是现在让昭公回鲁国去，大概他可以成为一个贤明的国君了吧。"

晏子却表示不同意，他说："蹚水过河而溺水的人，多半是因为事先不探明河水的情况，迷路的人也多半是因为事先没有问清路径，等到他溺水以后才去探水，迷路以后才来问路，不是已经晚了吗？这好比'临难而遽铸兵，临噎而遽掘井'。临到战乱爆发时才急着铸造兵器，遇到吃东西干得噎着了想喝水时才急着去挖井，虽然心愿非常急切，可是怎么来得及呢？"

狡兔三窟

春秋战国时期，一些国家的重臣喜欢结交和豢养各种有一定本领的人，做自己的门客，为自己出谋划策，并借此提高自己的声望，维持和巩固自己的地位。这种做法一时成为风气。例如，齐国的孟尝君、魏国的信陵君、楚国的春申君、赵国的平原君，豢养的门客都很多，人们称他们为"战国四公子"。这里给大家说说齐国的孟尝君的故事。

孟尝君名叫田文，是田婴的儿子。田婴在孙膑指挥的马陵之战中担任过副将，因作战有功，齐国把他封于薛地（今山东滕州东南），称为薛公。田婴死了以后，田文继承了父亲的官位和封地，号称孟尝君。

孟尝君懂得，豢养大量的门客，以获得很多人的拥护和支持，这对于取得名望、巩固自己的地位是很有必要的。于是他到处搜罗人才,不论贵贱,只要有一技之长,都以礼相待。这样,他爱惜贤人的名声就慢慢地传开了。别的国家的一些豪杰之士,甚至一些逃跑的犯人也来投奔他,把他当作知己、朋友,为他办事。

有一次,一个叫冯谖的人来投奔孟尝君。孟尝君看他那副打扮——一身破衣裳,脚穿草鞋,腰里系着一把剑,连剑鞘也没有——知道是个穷苦人,就问他:"先生找我有何见教?"冯谖说:"我穷得活不下去了,到您这儿找口饭吃。""你有什么本领呢?""我什么本领也没有。"孟尝君笑了起来,说:"那你就先住下吧。"孟尝君手下的人看冯谖那么穷,又没本领,都看不起他,把他安排在下等房间里,天天给他粗饭吃。没过几天,孟尝君问起:"那个冯谖在干什么?"手下的人回答说:"他呀,天天弹那把剑,边弹还边唱:'剑啊,咱们回去吧,这儿吃饭没鱼虾。'"孟尝君觉得这话传出去,自己没脸面,就让人安排冯谖到中等房间里住,给他鱼虾吃。没过多少日子,冯谖又唱了:"剑啊,咱们回去吧,这里出门没车马。"有人把这话报告给了孟尝君,孟尝君吩咐再给他一套车马。谁知没过多久,有人又来反映说:"冯谖仍旧天天唱什么'剑啊,咱们回去吧,没钱不能养活家'。"孟尝君挺生气,不过,为了笼络更多的人,他还是派人经常给冯谖的老母亲送钱。冯谖这才不弹不唱了。

过了一年光景,孟尝君的名气越来越大,当上了齐国的相国。这时候,他的门客已经有三千人了。养活这么一大帮人,尽管他收入不少,可也感到力不从心。他想来想去,想到在薛城放了一大笔高利贷,已经几年没收上利息来了,决定派人去收。收债可是个费力不讨好的差事,还得懂一套会计业务,门客没人愿意去,这叫孟尝君犯了难。有人推荐冯谖,说:"这家伙身材高大,又很会说话,别的本事没有,收债也许还行。"孟尝君就把冯谖找来,对他说:"我平时太忙,对先生照应不够,请您原谅。现在请您到薛城去一趟,替我收债，不知道您愿不愿意去？"冯谖很爽快地答应了："行，我去。"于是他就准备车马，收拾行装，出发了。临走的时候，他问孟尝君："债收了以后，要买点儿什么回来吗？"孟尝君说："您看我家缺什么就买什么吧。"

冯谖到了薛城，那些经济比较宽裕的人跑来还了利钱，那些还不起债的穷人家早躲得无影无踪了。冯谖用收上来的钱，买了几头大肥牛和十几坛美酒，办了几十桌酒席，邀请所有的债户来喝酒，并且通知说，不管还得起还不起的都要来，还不起不要紧，来核对一下债务就行了。摆席那天，债户们都来了，冯谖热情地招待他们。喝过酒，冯谖同债户们一一核对了债务，问明了情况。凡是当时能给利钱的，就收下他们的钱；一时没钱的，就约好归还的期限；穷得实在还不起的，就干脆把他们手中的债券收回，当着大家的面，一把火把那些债券都给烧了。债户们看了又惊又喜，不知道是怎么回事。这时候，冯谖站起来说："孟尝君借钱给你们，是看到大家没有本钱务农经商，难以度日。本来他是不想收利钱的，可是他手下有一大帮门客要养活，所以叫我来收利钱。如今核对了债券，能付的都付清了，暂时没钱的都约定了归还的期限，请务必按期交付。实在付不起利钱的，孟尝君说，连本带息都奉送了。所以我把这些人的债券全烧了。这都是孟尝君的恩典。大伙可别忘了啊！"一番话，说得大家欢呼起来，都万分感激孟尝君的恩德。

孟尝君听到冯谖焚烧债券的消息，不由得火冒三丈，立刻派人把冯谖叫回来，气呼呼地责备他："好哇，我要你去收利钱，你收了钱，就杀牛买酒，大摆宴席，还把债券给烧了。你搞的什么名堂啊？"冯谖不慌不忙地回答说："您别急！请您想一想，不办酒席怎么能把债户全都找来呢？债户不来，怎么知道谁付得起利钱，谁又付不起呢？现在，付得起的，已经定好期限，到期准能还上。付不起的，就是再过十年八年，他们还是付不起。逼急了，他们索性跑到别的地方去了，那些债券还有什么用处呢？您要是硬逼着他们，得到的钱不多，还落个不好的名声，这划得来吗？我把这些没用的债券烧了，使薛城百姓对您感恩戴德，到处颂扬您的美名，这不是大好的事情吗？我临走的时候，您嘱咐我拣您家缺少的东西带回来。我看您这儿金银财宝，山珍海味，什么都不缺，唯独缺少对穷苦人的情义。所以我就把'情义'给您买回来了。"孟尝君听了真是哑巴吃黄连——有苦说不出，只好说："算了，算了，先生休息吧。"

后来，孟尝君的声望越来越高。秦昭襄王听到齐国重用孟尝君，很担心，暗中打发人到齐国去散播谣言，说孟尝君收买民心，眼看就要当上齐王了。齐湣王听信了这些话，认为孟尝君名声太大，威胁他的地位，决定收回孟尝君的相印。孟尝君被革了职，只好回到他的封地薛城去。

这时候，三千多门客大都散了，只有冯谖跟着他，替他驾车去薛城。当他的车马离薛城还差一百里的时候，薛城的百姓扶老携幼，都来迎接他。孟尝君看到这番情景，十分感动，对冯谖说："您过去给我买的'情义'，我今天看到了。"

冯谖说："狡猾的兔子有三个洞，才能免遭死患。现在您只有一个洞，还不能把枕头垫得高高地躺着（指放松戒备），请让我再去为您挖两个洞吧。"孟尝君应允了，就给了他五十辆车子，五百斤黄金。冯谖向西去魏国游说，他对魏惠王说："齐国放逐了孟尝君，哪位诸侯先接纳他，可使其国家富庶、军事强大。"于是魏惠王空出上位（指相位），让原来的相做了上将军，派使者带着黄金千斤，车子百辆，去聘请孟尝君。冯谖先赶回去，告诫孟尝君说："千斤黄金，很重的礼了；百辆车子，这算是显贵的使者了。齐国君臣大概听说这事了吧。"魏国的使者往返了三次，孟尝君坚决推辞不去。

齐湣王听说了这一消息，十分惊恐，派遣太傅携带千斤黄金向孟尝君道歉，说："我没有福气，遭受了祖宗神灵降下的灾祸，深信于巴结逢迎的臣下，得罪了您。我不值得您来辅佐，希望您顾念齐国先王的宗庙，姑且回到国都来，治理全国的百姓吧。"冯谖告诫孟尝君道："希望您向齐王请求赐予先王传下来、祭祀祖先使用的礼器，在薛地建立宗庙。"宗庙建成，冯谖回来报告孟尝君："现在三个洞都已经营造好，您可以高枕无忧了。"

那些走掉的门客听说孟尝君重新当上了相国，又来投奔他。孟尝君很恼火，对冯谖说："我失势的时候，他们不帮助我，都溜了。多亏先生竭力奔走，我才得以重新担任相国。他们有什么脸再来见我呢？如果谁再来见我，我就唾他的脸，骂他一顿。"冯谖说："您大可不必这样做。您现在做相国正需要大家扶持，可不能赌气，把宾客赶走了，那样谁还给您办事呀？不如还像当初那样热情地招待他们，也显得您的度量大。"孟尝君说："先生的话，我敢不听吗？"由于得到许多门客的支持，孟尝君又继续做了相国。

自奉必须俭约，宴客切勿留连①。

【字词注解】

①留连：舍不得离开。

【精彩解说】

个人的衣食住行一定要俭朴、节约，宴请客人也不能过分，酒菜要适度，聚在一起吃饭不能忘了时间舍不得离开。

【智慧解析】

这句话是说，个人的衣食住行一定要俭朴、节约，宴请客人也不能过分，酒菜要适度，时间上也不能无休无止。朱柏庐曾说过："俭，一要平心忍气，二要量力举事，三要节衣缩食。"这一句跟"一粥一饭"那句都是讲节俭的，这句主要是从生活大的方面说的，不管是平时吃饭穿衣，还是宴请客人，都要注意节俭，不可过于奢华。不管什么时候节俭都是持家度日必须奉守的准则。

拓展阅读

王罴俭朴恨浪费

王罴是南北朝时期的著名将领，字熊罴，京兆霸城（今陕西西安东郊）人，本来出身于贵族，但他长期从政从军，早已洗去了世家子弟的不良习气。

他在北魏做过地方官，且素来清正廉洁，勤于政务，处事公平，但性子倔强，为人严厉急躁。曾经有一名小吏挟带私愤谎报事情，王罴识破了，来不及下令杖责，竟顺手拿起自己的靴子追着去打他。王罴的刚直，令州郡的人对他无不敬畏。

由于多年在地方上从政，深入民间，王罴深知百姓的疾苦，平日很爱惜粮食，也最痛恨浪费粮食的人。有一次，一位客人与王罴一起吃瓜，客人把瓜皮削得很厚，王罴见了很不高兴。等到瓜皮落到地上，王罴就从地上捡起来吃。那位客人惭愧得慌忙也拣起了瓜皮。

还有一次钦差来地方视察，到了吃饭的时间，王罴把钦差领到客厅，说："上差请坐！我特地命人备了饭肴，稍后奉上。"

这个钦差一副傲慢的模样，瞟了一眼身穿发皱布衣、不修边幅、胡须凌乱的王罴。他简直不敢相信，眼前的人就是在朝廷中名声如雷贯耳的大将军！不过，一听说"特地备了饭肴"的话，他马上眉开眼笑，心想自己是朝廷派来的，王大人请吃饭，饭菜一定很不错。

饭菜端上来后，钦差一看，差点没晕了过去：粗陶碗里装着玉米薄饼，上面搁着几根大葱和一些咸菜。他气得肚子一下就饱了，可又不好说什么，更不能驳王罴的面子，只得硬着头皮，顺手抓了一块薄饼，皱着眉头啃。薄饼的边儿太硬了，他把边儿撕了下来，只吃中间松软的饼瓤，把边儿朝地上一丢。旁边的王罴正吃得津津有味，将大葱、咸菜咬得直响，看到钦差扔到地上的薄饼边儿，他捡起来塞进嘴里，一边嚼着一边板着面孔，睁大一双牛眼瞪着钦差，愤愤地说："这就是上差的不是了！你可知道，这薄饼是粮食做的，一粒粮食一滴汗。耕种收获，已经不易，去壳加火，费力更是不少。你把它扔了，想必是不饿！"随即命令随从将饭肴撤走。

那个钦差被他说得目瞪口呆，样子狼狈极了。

王罴治政有方，北魏孝文帝太和年间被任命为殿中将军，升迁为雍州别驾，又被封为定阳子，任荆州刺史。

公元534年，北魏东西分立，进入长期对立、战争的状态。王罴的才干早已是人所共知，受到西魏政权的重用。那时关中一带战乱初定，生产未及恢复，官府征收百姓粮食以为军用，如有隐匿不交，便加重处罚。百姓本无多少余粮，而官府催逼又急，纷纷逃亡。但是在王罴的辖区却是另一番景象，百姓心甘情愿上交军粮，毫无怨言，可见王罴深得民心。

后来他担任武职，每次朝廷犒赏士兵，王罴都亲自称量酒肉，分给将士；有时军中缺粮或断炊，他就与将士们一起挖野菜，同熬一锅野菜粥吃；要是有残剩饭菜，他绝不让人倒掉，留到肚子饿时再食用。谁要浪费食物，他就跟人急，甚至愤怒地踢人。有人对他这种做法很看不上眼，嘲笑他处事琐碎，但王罴仍我行我素，俭朴成癖。殊不知正是因为王罴能与部下同甘共苦，打起仗来将士们才会听从他的指挥，冲锋陷阵，没有二心。王罴作战非常勇敢，率领军队屡立战功，后升迁为骠骑大将军。

王罴镇守河东，连年与东魏丞相高欢所率领的军队对峙。最后，东魏军惨败在他的手下。王罴因功升任右将军、西河内史。西河是富饶之地，其他人都求之不得，王罴却坚持推辞不肯接受。别人都很奇怪，问他："西河地域广大，俸禄优厚，将军为何不愿去上任呢？"

王罴说出了自己的一番道理，足以警示后人。他说："现在洛阳建房用的好木材，都出自西河。我若在西河，达官显贵们建造住宅，所需木材必定要求我办理。倘使私下里采办，我的能力不足；如果向民众征索，只能戕害百姓。所以还是不去的好。"由此可见，王罴举止出自真情，绝不做巧诈之事。

王罴一生克己，最终死于任上。身死之日，家里一贫如洗。时人都佩服他的清廉和俭朴，并将他的事迹传为佳话。

贫穷宰相

晏婴是春秋末期一位出色的政治家。他担任齐国宰相的时候,为齐国的富强做了不少贡献。由于晏婴在齐灵公、齐庄公、齐景公三朝时做高官,所以他又被人称为齐国的"三朝元老"。别看这位"三朝元老"在齐国居官的时间长、地位高、有名望,但他相当节俭。

一次,齐景公为了奖赏晏婴的治国之功,决定把齐国的平阴和棠邑两地赐给他。

这两个地方相当富足,当时有很多人想得到这两个地方,可晏婴却不肯接受。他态度诚恳地对齐景公说:"国君,我不敢接受您的恩赐。我认为,当官的首先应为君主和国家着想。现在百姓生活困苦不堪,他们对朝廷已经有了怨恨的情绪,我们为官的不顾及这些,还在拼命地追求自己的享受,这会使百姓更加无法忍受,对王室的怨恨也会加深的。"齐景公觉得晏婴的话句句在理,他的态度又十分诚恳,也就没有再坚持。

又有一次,晏婴正在家中吃饭,突然,齐景公派人到他家来。晏婴得知这位钦差还没吃饭,便把自己的饭分出一半请客人吃。结果客人没吃饱,晏婴也没吃饱。钦差回到宫中后,把这件事告诉了齐景公。齐景公听后十分感慨地说:"晏婴家里这样穷,我却一点儿也不知道。这是我的错啊!"说完,他当即派人带了一大笔钱给晏婴送去,让他作为招待宾客的费用。可晏婴坚决不收,他对送钱的人说:"我在朝廷做官,已经按官位得到俸禄了。我的生活并不贫困,这些钱您还是拿回去还给国君吧!"

齐景公见晏婴既不要封地,也不要赏钱,心里实在过意不去,就命令手下人一定要想办法说服晏婴,让他把钱收下。于是齐景公手下的人又去了晏婴家两次。可不管他们怎样劝说,晏婴就是不肯收。

来者见晏婴实在不肯收钱,就把自己的难处告诉了晏婴,说这是齐景公的命令，他们如果没有执行好，是要受到国君怪罪的。

为此，晏婴亲自找到齐景公，向齐景公拜谢道："我的家并不穷。您的恩赐，使我的亲族、朋友都得到了不少好处，我们已经很感激您了。您千万不要再给我什么钱财了。您还是用这些钱财去救济百姓吧！他们得到了您的恩赐，会加倍感激您的。如果您硬要把这些钱财送给我，我是很难办的。我把它们分给百姓，那是做了以臣代君来治理百姓的事，一个忠臣是不能这样做的；如果我收下它，又没有什么用，那我就会像个装东西的筐子、箱子一样，成了守财的人，一个公正廉明的大臣也是不会这样做的。所以，您还是别硬把这些钱塞给我，我是不会做看管财产的傻事的。"

齐景公见晏婴不肯收钱，也没办法，于是决定亲自去晏婴家视察一下。

一天，齐景公专门找了个吃饭的时间到晏婴家。他故意不让随从通报，自己径直走到晏婴的饭桌前。这时，晏婴正端着一碗糙米饭在吃。饭桌上只放着两盘菜，一盘鸟肉，一盘青菜，而且量相当少。齐景公看到这种情形，再次说："你的生活如此清苦，这是我的错啊！你总说生活并不贫穷，今天我算是亲眼见了。"说完，齐景公惭愧地低下了头。

可晏婴像什么事情也没有发生一样，他先客气地请齐景公坐下，而后语调平和地说："大王，我的生活已经很不错了。一般做小官的，每顿不过吃碗小米饭。我的饭桌上有一盘鸟肉，这就相当于一般小官的两顿饭了，现在又加上了一盘青菜，这就等于人家的三顿饭了。您说，我的才能没有比普通人高出一倍，可我却吃了他们三个人的饭，我的生活能算清苦吗？"齐景公被晏婴说得无话可说，无可奈何地摇着头。

后来，齐景公要给晏婴建造一所新的住宅，也被晏婴拒绝了；齐景公见晏婴上朝时坐的车子很旧，又让手下给晏婴送去一辆漂亮的车子和几匹好马，又被晏婴退了回来。就这样，晏婴一生过着俭朴的生活，为齐国的官吏在厉行廉洁、反对奢侈浪费方面做出了榜样。

范仲淹勤俭持家

"先天下之忧而忧，后天下之乐而乐。"北宋著名学者、文学家范仲淹不仅在他的散文《岳阳楼记》里写出了这千古传诵的名句，而且在生活中身体力行，几百年来一直被世人传为美谈。

范仲淹为官多年，晚年官至参知政事，他身居高位却不忘节俭。他不仅自己节衣缩食、清廉俭约，而且对孩子们的要求也非常严格。一年秋天，城中盛传范仲淹的二公子范纯仁将要举行婚礼。范家是名门显贵，范纯仁的婚事便成了街谈巷议的话题。眼看婚期已近，可人们并未见范府张灯结彩。许多人以为关于范二公子结婚的消息是谣传。

其实，范纯仁成亲是千真万确的，范府上下之所以悄无声息，是因为范仲淹的家风甚严，即使儿女的婚姻大事，也不准有丝毫的铺张浪费。

这天，范纯仁摆开纸砚，就是迟迟不能下笔。最后范纯仁觉得：结婚是自己一生中的大事，不多买，只买一两件稍稍贵重些的东西也是情理之中的事情，父亲不一定会怪罪下来。想到这里，范纯仁将购置物品的清单写好，交给了父亲。

谁知大出范纯仁所料，范仲淹接过清单一看，立刻面带愠色："纯仁，你要购买这两件贵重之物，到底有什么打算？难道我范家门风要在你手里败坏不成？"范纯仁慌忙答道："孩儿以为结婚乃终身大事，购置一两件心爱之物也不为过。望父亲息怒。"

范仲淹严肃地说："我为官多年，你们的生活远胜过普通百姓。

结婚固然是人生的大事,但它与节俭有什么矛盾?我多年来一直担心的就是你们沾染上奢侈浪费的不良习气,在不知不觉之中丢掉我们范家勤俭的家风。"

听了父亲的话,范纯仁悄悄地低下了头,但还是鼓足勇气说:"新娘想以罗绮做幔帐,孩儿说这不符合范家的风习,可她父母出面求情。孩儿碍于情面,就未敢再做坚持。"

范仲淹一听,大声说道:"我们范家历来勤俭。以罗绮为幔,这岂不乱了我们的家法?情面事小,勤俭之风事大。你可以告诉他们:坚决不行!"

就这样,在范仲淹的一再坚持下,范纯仁的婚事办得异常节俭,在当地传为美谈。

数年之后,范纯仁和弟弟范纯礼共同商量父亲的养老问题。哥俩虽然都想为父亲营造一处颐养天年之所,但又都深知父亲的脾气,唯恐因此而遭到父亲的指责。

这天下午,范纯仁、范纯礼见父亲格外高兴,就趁机来到了父亲的房中。

范纯仁对父亲说:"爹爹,如今您年事已高,身体也大不如前,我们打算在河南府为您修建一处住所。这样既可以使您的晚年生活过得安稳愉快,也可以略尽我们的孝心。您看如何?"

范仲淹一听,连忙摆摆手说:"不成!不成!此事万万不成!"

范纯礼说:"爹爹,河南府内建了多少宅第,我们再建一座又有何妨呢?"范纯仁急忙补充道:"爹爹,我们虽然想为您建造一处住所,但决不会像其他官宦人家那样铺张浪费,修建华丽奢侈的府第。"

范仲淹听罢,若有所思地说道:"孩子们,你们的心意我是知道的。一个人如果有了道义上的快乐,即使他一无所有,心里也会感到高兴的。更何况我还有房子住!我早就说过:一个人应该先天下之忧而忧,后天下之乐而乐。我怎么能无忧无虑地一个人去享受清福呢?我现在并不担忧退下来以后有没有好的居住条件,我所担忧的只是节俭之风何时才能在身居高位的人们中间真正实行开来。由此看来,你们的建议并不能使我感到丝毫的安慰。今后关于建造宅第的事,希望永远不要再从你们的嘴里说出来!"

司马光节俭不奢

司马光在政治上保守无可讳言,但他襟怀坦白、居官清廉、恭谦正直,不喜华靡的品格却也是公认的。史书上记载着他在这方面的许多小故事。他保持节俭的事迹一直传为美谈。就连他的政敌王安石也很钦佩他的品德,愿意与他为邻。

司马光敢于直谏,不阿谀奉承;他举忠斥奸,不为身谋。在一篇《谏院题名记》上,他要求做谏官的"常志其大,舍其细,先其急,后其缓;专利国家而不为身谋。彼汲汲于名者,犹汲汲于利也,其间相去何远哉!"他曾经说自己平生所作所为,没有一件事是不能对人讲的。他廉洁奉公、以节俭为乐的品德更是一直被人传颂。宋仁宗临终前曾留下遗诏,要赏赐司马光等大臣一批金银财宝,司马光领衔上书,陈述国家穷困,不愿受赏。但几次都未被批准,最后他将赏赐给自己的那份财宝交给谏院,充作公费。他在洛阳任职时,曾买地修筑了一所居住、读书、游览用的独乐园,幽雅简朴,他非常满意。但当皇上的钦差到这所宅院来向他问政时,却为这低矮的瓦房、简陋的陈设暗暗发笑,他不能相信名扬天下的"司马相公"的府宅竟会这样寒酸!司马光的妻子死后,没有钱办理丧事,儿子司马康和亲戚们主张借钱也该把丧事办得有排场。司马光不同意,并且教训儿子处世立身应以节俭为贵,不能动不动就借贷。最后还是把自己的一块地典当出去,才办了丧事。

器具质而洁,瓦①缶②胜③金玉。饭食约④而精,园蔬胜珍馐⑤。

【字词注解】

①瓦:泥土烧制的器物。

②缶(fǒu):盛酒浆用的瓦器。

③胜:超过,胜过。

④约:节约。

⑤珍馐(xiū):精美的食物。

【精彩解说】

如果用的器具质朴而整洁的话,即使是瓦做的器具也比金玉做的器具要好。如果吃饭吃得少而精的话,即使是普通的蔬菜也比得上珍馐佳肴。

【智慧解析】

这是说家常用的器具,不求华美,只求质地坚实,并且要洗刷干净。这样的话,即使瓦罐也会超过金器、玉石。家常的菜肴,不必贪多,只要足够下饭,烹调得当,即使是园地里自己栽种的蔬菜,也比山珍海味来得好。这两句话强调了生活要节俭,可见朱柏庐对节俭持家多么重视。

拓展阅读

王安石节俭治家

宋神宗时王安石官至宰相,对变法革新始终坚定不移。而在生活中,他一向以节俭为准则,从不铺张浪费、乱花一文钱。

一次,一位朋友见王安石写得一手好字,可案头上放的文房四宝却不太讲究,就专门托人帮王安石弄来一方很名贵的砚台,送给王安石。可王安石却不在乎用具的讲究与否。他见朋友一再向他吹嘘送给他的砚台如何名贵,东西如何讲究,就故意手捧砚台仔细端详了一番,然后装作不解地问道:"这砚台有什么特别的地方?"友人答道:"这石砚质地细密且表面相当光滑,它不伤笔,节省墨。"说着,那人还对着石砚哈了口气,继续说道:"不信您看,您往上哈气,砚上马上就凝出了小水珠。"

王安石见友人这样回答,笑着说:"那有什么特别的?就是哈出一担水来,又能值几个钱?再说,字写得漂亮不漂亮,与石砚又有多大关系?"就这样,他硬是把砚台还给了那位朋友,自己依然用原来的普通石砚。

王安石当宰相后,由于工作繁重,得了很严重的气喘病。大夫开的药方里,有一味药是紫团参,可满京城也买不着。他家里人要从外地买些来,可王安石觉得这样花销太大,坚决不让买。有位从产参地调至京城任职,名叫薛师政的官员,曾受王安石提拔,一向与王安石关系不错,听说王安石治病需要此药,就给带去了几两。可王安石死活不要。他觉得紫团参太贵重,吃它未免太奢侈,于是硬让人家拿回去了。家里人劝他收下,说这是为治病,服点参没什么大不了的。可王安石直着脖子和家人嚷起来:"我这一辈子没吃过什么参,不也活到今天,现在不吃它,莫非会死?"家人见他态度如此强硬,也不敢再坚持。

王安石平时的饮食很注意节俭。有一回，因为一盘獐子肉，他在家里还闹出了一场不小的风波。

那是王安石刚刚做宰相不久后发生的事情。王安石吃饭过于节俭，平时很少吃肉。当了宰相后，家里人见他整天起早贪黑，体质一天天下降，就经常给他做肉，想让他补补身子。可每顿饭下来，王安石总把肉剩下。时间长了，家人以为他根本不喜欢吃肉。

有一天，仆人见王安石吃肉太少，就别出心裁，在几个菜之外又加了一盘红烧獐子肉。奇怪的是，这回王安石依然对别的肉菜动筷很少，而这盘獐子肉却吃下大半。王安石的妻子吴夫人听说此事后很高兴，她一再责怪自己，为什么和丈夫生活了那么多年，却不知道丈夫爱吃獐子肉。于是，打那以后，吴夫人顿顿都让仆人给王安石做一盘獐子肉，而且还要花样翻新地烹饪。

可令人奇怪的是，王安石自从吃了那一顿獐子肉后，就再也不吃了。无论仆人怎么别出心裁，獐子肉怎样端上来，还会怎样端下去。吴夫人知道此事后非常焦虑。她一口咬定是仆人烧的肉不好吃。一天，她把那仆人找来，声称再给他一次机会，说要是这回主人再不吃他烧的獐子肉，就要解雇他。

这回仆人烧肉格外精心。他先是选了上好的肉、上好的辅料，然后反复琢磨主人第一次吃獐子肉时自己的做法。经过精心烹饪，这位仆人最后小心翼翼地把一盘美味的獐子肉端到了王安石的饭桌上。为了使主人对獐子肉能格外感兴趣，这位仆人还特意在饭桌上配了几盘普通的素菜，想让主人多吃些獐子肉。

午饭后，仆人傻了眼。王安石依然没有吃那盘獐子肉，相反，为了衬托獐子肉而配备的素菜，王安石却吃了不少。这下仆人的饭碗是无论如何也保不住了。晚上，吴夫人下了解雇令，第二天清早那位仆人只好打铺盖卷，准备离开王家。

说来也是凑巧，那位仆人离开王家时，正巧和准备上朝的王安石碰了个照面。由于王安石平时没有架子，对仆人印象很深，所以，此刻王安石见他挟着铺盖往外走，忙叫人去打听是怎么回事。当听说此人是因为自己没吃獐子肉被解雇时，心里不免为他叫屈。他当即劝说仆人留下，并与妻子说明自己不吃獐子肉的原因：不是烹饪的不可口，而是怕养成不节俭的习惯。

于青菜

清顺治康熙年间，朝中出了一位被皇帝赞许为"天下第一廉吏"的清官，这位清官就是两江总督于成龙。

于成龙为官廉洁自爱，生活极其俭朴。他身居高位，却每天以粗茶淡饭度日。在封建社会，总督一级的官员，一年到头丝毫不沾美味佳肴，未免有些不可思议。于成龙生活俭约，不慕享乐，在饮食方面严格约束自己。也正因为这样，当时的百姓才送给他一个极别致的称号——"于青菜"。

康熙二十一年（1682年），于成龙即将到两江总督府就任时，两江总督所管辖的大小官吏们便为迎接新总督忙开了。他们有的借机广收本地名产、特产，想等新官上任时奉上丰厚的见面礼，以此来博得新上司的好感；有的则忙着为新总督挑选豪华的府邸，想以此使自己和新总督的关系更亲近。

正当这些官吏们准备在新总督面前讨好争宠的时候，一天，突然有人报告：新任总督于成龙已经到了总督府。新任总督一路没有前呼后拥的仪仗，也没有随从，只带着儿子，雇了一辆小毛驴车就上任了。这一切，使那些整日花天酒地的贪官污吏大为震惊。

于成龙上任后，第一件事是把管辖范围内的下属官吏唤来，严肃地说：为官的，一定要带头奉公守法、勤恳办事，绝对不允许铺张浪费，追求奢靡。他还告诫大家：如有违背上述规定的，一定认真追查，严惩不贷。

于成龙在罗城担任知县时，他的官署房屋相当简陋，屋顶是用茅草搭的，屋门是用棘条树枝编的。室内陈设也非常俭朴，桌子是用泥土堆的，床上铺的是几捆干草，而且办公、生活全在这间茅草屋内。平时，需要出外考察时，于成龙也不坐轿子，常常是头戴斗笠，脚穿草鞋，有时冒着酷暑，有时踏着泥泞的道路，到乡间巡视。他曾经有好几个随从，都因受不了这份苦而离开了。没有了随从，他就自己烧饭洗衣。

有一年，于成龙任福建按察使。临上路时，他特意嘱咐手下人买了两百斤萝卜放在船上。他的一位下属听到后十分奇怪，问于成龙："大人为何买这么多萝卜？萝卜又不是什么值钱的东西。"

于成龙解释说："我们这一去，路上要走好几天水路，萝卜便宜，可当菜吃，又可解渴，不是水和菜都有了吗？"那位下属听后，感慨地对别人说："于大人太节俭了。要是为官的都能像于大人那样，很多事就好办了。"

于成龙到福建后不久，人们发现官署后院的槐树叶子一天比一天少。开始人们没有在意。后来，人们发现于成龙的仆人每日去摘树叶，便好奇地向他询问。这位仆人说：于成龙非常喜欢喝茶，只是苦于茶叶昂贵，不舍得花太多的钱去买茶叶，就想了这个主意。

同僚们知道了这件事后，有的笑于成龙"太会过"，也有人说他是"小气鬼"。于成龙听到这些后，认真地说："现在百姓生活相当艰苦，我们这些当官的，还真应该学着'会过'，学着'小气'些呢！"

于成龙不仅自己生活节俭，他对妻子、子女要求也很严格。

他在江西做官时，一次，大儿子从家乡来看他，于成龙很高兴。可是在儿子临走时，他既没给钱，也没有给他带什么特产。当时厨房中恰巧有一只咸鸭子，于成龙觉得这只咸鸭子作为礼物已经很丰厚了，于是就割了半只给儿子。这件事传出后，有人编了这样一句民谣："于公豆腐量太狭，公子临行割半鸭。"

康熙二十三年（1684年），年近七十岁的于成龙因病死在了两江总督任上。人们在整理于成龙的遗物时，发现他的私人财产少得令人难以置信。他的遗物包括：床头旧箱一个，里面仅有一套粗丝衣服、一双靴子；床头上有盥洗用具一套；另外还有一只旧缸，缸中有少许粗米、少许盐；除此之外便只有书籍了。

于成龙逝世后，江南百姓悲痛万分，不少人家画了于成龙的画像挂在家中祭祀。康熙帝得知他清正廉洁的事迹后，称他是"天下第一廉吏"，还追赐他一个"清端"的谥号。

勿营①华屋，勿谋良田。

【字词注解】

①营：营造，盖。

【精彩解说】

不要盖奢华的房屋，不要谋取肥沃的田地。

【智慧解析】

这句话是说房屋不要盖得太奢华，田地也不要去谋取太肥沃的。这句话告诫我们生活要懂得知足。物质的增长速度永远没有贪欲的增长速度快。有了房子还想要车，有了小房子还想要大房子，永无止境的欲望才会带给自己压力。只有懂得知足、无欲无求，才能快快乐乐地生活。同时这里还有一层意思，就是注意生活要俭朴，不要追求奢华的生活和华美的器具。

拓展阅读

安步当车

战国时，齐国有位高士，名叫颜斶（chù）。齐宣王仰慕他的名声，把他召进宫来。颜斶随随便便地走进宫内，来到殿前的阶梯处，见齐宣王正等待他拜见，就停住脚步，不再行进。齐宣王见了很奇怪，就呼唤他："颜斶，走过来！"不料颜斶还是一动不动，并呼唤齐宣王："大王，走过来！"齐宣王听了很不高兴，左右的大臣见颜斶目无君主、口出狂言，都说："大王是君主，你是臣子，大王可以叫你过来,你怎么能叫大王过去,这怎么行呢?"颜斶说:"我如果走到大王面前去,说明我羡慕他的权势;如果大王走过来,说明他礼贤下士。与其让我羡慕大王的权势,还不如让大王礼贤下士的好。"齐宣王恼怒地说:"到底是君王尊贵,还是士人尊贵?"颜斶不假思索地说:"当然是士人尊贵,君王并不尊贵!"宣王说:"你说这话有根据吗?"颜斶神色自若地说:"当然有。从前秦国进攻齐国的时候,秦王曾经下过一道命令:有谁敢在高士柳下季(谥号'惠')的坟墓五十步以内的地方砍柴,格杀勿论!他还下了一道命令:有谁能砍下齐王的脑袋,就封他为万户侯,赏金千镒。由此看来,一个活着的君主的头,竟然连一个死了的士人的坟墓都不如啊。"齐宣王无言以对,满脸不高兴。

大臣们忙来解围:"颜斶,过来!颜斶,过来!我们大王拥有车千乘(一千辆战车),东西南北谁敢不服?大王想要什么就有什么,老百姓没有不俯首听命的。你们士人高等些的不过称为匹夫,步行到农田里忙碌干活;而鄙野、监门、闾里这些下等的士人就更低贱了!"颜斶驳斥道:"你们说得不对!大禹的时代,诸侯有万国之多。这是为什么呢?因为他尊重士人。到了商汤时代,诸侯还有三千。如今,称孤道寡的只有二十四个。由此看来,重视士人与否是得失的关键。从古到今,没有能以不务实事而称王于天下的。所以君王要以不经常向人请教为羞耻,以不向地位低的人学习而惭愧。"宣王听到这里,才觉得自己理亏,说:"我是自讨没趣。听了您的一番高论,才知道了小人的行径。希望您接受我为您的学生,今后您就住在我这里,我保证您饮食有肉吃,出门必有车乘,您夫人和子女个个会衣着华丽。"颜斶却辞谢说:"玉,原来产于山中,一经匠人加工,就会被破坏,虽然仍然宝贵,但毕竟失去了本来的面貌。士人生在穷乡僻壤,如果选拔上来,就会享有利禄,不是说他不能高贵显达，但他外在的风貌和内心世界会遭到破坏。所以我情愿大王让我回去，每天晚点儿吃饭，也像吃肉那样香，安稳而慢慢地走路，足以当作乘车，平安度日，并不比权贵差。清静无为，纯正自守，乐在其中。命我讲话的是大王您，而尽忠献言的是我颜斶。"

颜斶说罢，向宣王拜了两拜，就告辞了。

贪婪的和珅

乾隆帝做了六十年皇帝，在文治武功方面都取得了成就。晚年，他志满意得，骄傲起来，把自己称作"十全老人"。他越来越喜欢听颂扬的话，于是，有人用讨好奉承的手段取得了他的宠信，掌握了大权。

有一次，乾隆帝准备出外巡视，叫侍从官员准备仪仗。官员一时找不到仪仗用的黄盖，急得不知怎么办才好。乾隆帝十分恼火，问："这是谁干的好事？"

官员们听到皇帝的责问，吓得张口结舌。这时有一个青年校尉在旁从容不迫地说："管事的人不能推卸责任。"

乾隆帝侧过脸一看，那个校尉眉目清秀，从容镇静，乾隆帝心里高兴，把追问黄盖的事也忘了，问他叫什么名字。那个青年校尉回答，他叫和珅。乾隆帝又问他的家庭情况、读过哪些书，和珅无不对答如流。

乾隆帝十分赞赏和珅，马上宣布他总管仪仗，以后又派他当御前侍卫。和珅是个非常伶俐的人，乾隆帝交代的事，他件件都办得十分称心。乾隆帝爱听好话，和珅就尽说顺耳的。日子一久，乾隆帝把和珅当作亲信，和珅也步步高升。不出十年，和珅从一个侍卫提升到了大学士。后来，乾隆帝还把女儿和孝公主嫁给和珅的儿子。和珅跟皇帝攀上了亲家，他的权势更别提有多大了。再加上乾隆帝年老力衰，朝政大事就自然落在和珅手里。

和珅掌了大权，别的事他没心思管，只是一味搜刮财富。他不但接受贿赂，而且公开勒索；不但暗中贪污，而且明里掠夺。地方官员献给皇帝的贡品，都要经过和珅的手。和珅挑最精致稀罕的留给自己，挑剩下的再送到宫里去。乾隆帝不查问，别人也不敢告发，他的贪心就越来越大了。

有一回，有一个叫孙士毅的大臣，从南方回到京城，准备朝见乾隆帝，正巧在宫门口遇到了和珅。和珅见孙士毅手里拿着一只盒子，就问："你手里拿的是什么东西？"

孙士毅说："没什么，是一只鼻烟壶。"

和珅走上前去，不客气地把盒子抓在手里。打开一看，那只鼻烟壶竟是用一颗大珠子雕刻出来的。和珅拿在手里，看了又看，嘴里连声啧啧称赞，涎皮赖脸地说："好宝贝！就送给我了，怎么样？"

孙士毅慌忙说："哎，不行。这件宝贝是准备献给皇上的，昨天已经奏明皇上了。"

和珅脸色一沉，把鼻烟壶往孙士毅手里一塞，冷笑着说："我不过跟你开个玩笑，何必那样小气！"

孙士毅把那只鼻烟壶献给了乾隆帝。过了几天，他又跟和珅碰在一起，只见和珅得意扬扬地说："我昨天也弄到一件宝贝，您看看，能不能跟您上次进贡的那只比？"

孙士毅走过去一看，原来就是他献给乾隆帝的那只鼻烟壶。孙士毅嘴里随口应付了几句，心里想，这件宝贝怎么会落到和珅手里，一定是乾隆帝赏给他了。后来，他偷偷打听，才知道是和珅买通太监从宫里偷出来的。

和珅利用他的地位和权力，千方百计地搜刮财富。一些朝臣和地方官员知道他的脾气，就尽量搜刮珍贵的珠宝去讨好和珅。大官压小吏，小吏又向百姓层层压榨，百姓的日子自然越来越难过了。

乾隆帝在做满六十年皇帝后，传位给了颙琰，颙琰即位，就是清仁宗嘉庆帝。

嘉庆帝早知道和珅贪赃枉法的情况。过了三年，乾隆帝一死，嘉庆帝马上把和珅逮捕，叫他自杀，并且派官员查抄他的家产。

和珅的豪富本来是出了名的，但是抄家的结果还是让大家大吃一惊。长长的一张抄家清单里，记载的金银财宝、绫罗绸缎、稀奇古董，多得数都数不清，粗粗估算一下，大约值白银八亿两之多，抵得上朝廷十年的收入。后来有人说，查抄出来的大批财宝，都让嘉庆帝派人运到宫里去了。于是，民间就有人编了两句顺口溜讽刺说："和珅跌倒，嘉庆吃饱。"

原文

三姑六婆[1]，实淫盗之媒；婢美妾娇，非闺房之福。

【字词注解】

①三姑六婆：三姑指尼姑、道姑、卦姑，六婆指牙婆、媒婆、师婆、虔婆、药婆和稳婆。三姑六婆在这里指的是一些爱搬弄是非的人。

【精彩解说】

三姑六婆那些人，实在是荒淫和盗贼的媒介；美丽的婢女和漂亮的妾充斥闺房，这并不是主人的福气。

【智慧解析】

这里的"三姑六婆"不是专指女性，而是指那些爱搬弄是非的人。这些人四处生事，招惹是非，不应与他们亲近。有漂亮的妾媵也未必是好事，或许会因此导致家庭不和睦。

拓展阅读

烽火戏诸侯

周宣王死了以后，儿子姬宫湦即位，就是周幽王。周幽王什么国家大事都不管，光知道吃喝玩乐，打发人到处找美女。有个大臣叫褒珦，劝谏幽王，周幽王不但不听，反把褒珦下了监狱。

褒珦在监狱里被关了三年，褒家的人千方百计地要把褒珦救出来。他们在乡下买了一个十分漂亮的姑娘，教会她唱歌跳舞，把她打扮起来，献给幽王，替褒珦赎罪。这个姑娘算是褒家人，叫褒姒。幽王得了褒姒，高兴得不得了，就把褒珦释放了。他十分宠爱褒姒，可是褒姒自从进宫以后，就闷闷不乐，没有露过一次笑脸。幽王想尽办法叫她笑，她却怎么也笑不出来。

周幽王出了一个赏格：有谁能让王妃娘娘笑一下，就赏他一千两金子。

有个马屁精叫虢石父，替周幽王想了一个主意。原来，周王朝为了防备犬戎的进攻，在骊山一带造了二十多座烽火台，每隔几里地就有一座。如果犬戎打过来，把守第一道关的兵士就会把烽火点起来；第二道关上的兵士见到烟火，也把烽火点起来。这样一个接一个点着烽火，附近的诸侯见到了，就会发兵来救。虢石父对周幽王说："现在天下太平，烽火台长久没有使用了。我想请大王跟娘娘上骊山去玩几天。到了晚上，咱们把烽火点起来，让附近的诸侯见到后赶来，上个大当。娘娘见这么多兵马扑了空，保管会笑起来。"

周幽王拍着手说："好极了，就这么办吧！"

他们上了骊山，在骊山上把烽火点了起来。临近的诸侯得了这个警报，以为犬戎打过来了，迅速带领兵马来救。没想到赶到那儿，连一个犬戎兵的影儿也没有，只听到山上一阵阵奏乐和唱歌的声音，大伙儿都愣了。

周幽王派人告诉他们说，辛苦大家了，这儿没什么事，不过是大王和王妃放烟火玩儿，大家都回去吧！诸侯知道上了当，憋了一肚子气回去了。

褒姒不知道他们闹的是什么，看见骊山脚下来了好几路兵马，乱哄哄的样子，就问周幽王是怎么回事。周幽王一五一十地告诉了她。褒姒真的笑了一下。

周幽王见褒姒开了笑脸，就赏给虢石父一千两金子。

周幽王宠幸褒姒，后来干脆把王后和太子废了，立褒姒为王后，立褒姒生的儿子伯服为太子。原来的王后的父亲是申国的国君申侯，他得到这个消息，就联合犬戎进攻镐京。

幽王听到犬戎进攻的消息，惊慌失措，连忙下命令把骊山的烽火点起来。烽火倒是点起来了，可是诸侯因为上次上了当，谁也不理会他们。

烽火台上白天冒着浓烟，夜里火光冲天，可就是没有一个救兵到来。

犬戎兵一到，镐京的兵马不多，勉强抵挡了一阵，后来被犬戎兵打得落花流水。犬戎的人马像潮水一样涌进城来，把周幽王、虢石父和褒姒生的伯服杀了。那个不开笑脸的褒姒，也给抢走了。

这时候，诸侯们知道犬戎真的打进了镐京，这才联合起来，带着大队人马赶来。犬戎的首领看到诸侯的大军到了，就命令手下的人把周朝多年聚敛起来的财物一抢而空，放了一把火才退走。诸侯们打退了犬戎，立原来的太子姬宜臼为天子，就是周平王。诸侯也回到各自的封地去了。

没想到诸侯一走，犬戎又打过来，周朝西边大片土地都被犬戎占了去。平王怕镐京保不住，打定主意，把国都搬到洛邑去。

公元前770年，周平王迁都洛邑。因为镐京在西边，洛邑在东边，所以历史上把周朝在镐京做国都的时期称为西周，迁都洛邑以后，称为东周。

昏君夫差

春秋末期，各诸侯国称雄，吴国和越国开战，结果越军大败，越王勾践向吴王夫差乞降。吴王夫差不听大夫伍子胥杀掉勾践以绝后患的劝告，而采纳被越王买通的权臣的主张，允许越国投降，把勾践夫妇和越国大夫范蠡囚禁在姑苏虎丘，为夫差养马。勾践君臣含垢忍辱，装得非常恭顺，夫差以为他们已真心臣服，三年后就把他们放回了越国。

勾践回到越国后，立志复国，卧薪尝胆，励精图治。经过"十年生聚，十年教训"，越国逐渐强盛起来，一心要打败吴国，但是当时越国的军事实力远远不敌吴国。勾践在训练军队、发展农业的同时，对吴王夫差实施了历史上著名的美人计。

范蠡曾随越王勾践到吴国做人质三年，深知吴王夫差的致命弱点。针对吴王夫差好色的特点，范蠡便策划实施了美人计。

范蠡按照越王勾践的要求，在民间寻觅美女。担任这个重要任务的美女，不仅要美丽过人，而且要胆量过人，机智过人。经过千挑万选，范蠡选定了西施和郑旦。勾践让人教授她们歌舞、化妆和礼仪等方面的知识，让人为她们讲解历史、时局和权谋。勾践还亲自给西施面授机宜。勾践把神圣的政治任务交给她们，交代了三件大事：让夫差沉溺于酒色之中，荒其国政；怂恿夫差对外用兵，耗其国力；离间夫差和伍子胥，去其忠臣。三年后，范蠡将西施等送往吴国。

好色成性的吴王夫差见了西施，自然十分欢喜。伍子胥认为这是美人计，苦心劝谏，夫差却充耳不闻，立刻将西施纳入后宫。

西施聪明伶俐，颇具爱国情怀，时刻牢记自己来到吴国的政治使命，她用尽浑身解数让吴王宠爱她并听信她的话，夫差果然对她宠爱有加。

吴王夫差命人在灵岩山为她建了馆娃宫，在馆娃宫附近修了玩花池、玩月池、吴王井、琴台、采香泾、锦帆泾和打猎用的长洲苑等。此外，吴王夫差还修了响屟廊，就是在地上凿一个大坑，把一口大缸放进坑里，然后在上面铺上木板，再铺平。夫差让西施穿着屟在上面走，锤铺有声，所以叫响屟廊。

到了春天，夫差就和西施到采香泾、玩花池游玩。到了夏天，夫差就和西施在洞庭的南湾避暑。南湾有十多里长，两面环山，吴王将此处命名为"消暑湾"，并令人在附近凿了一个方圆八丈的白石池子，引来清泉，让西施在泉中洗浴，将其命名为"香水溪"。秋天两人一起攀登灵岩山，看灵石，赏秋叶。到冬天下雪的时候，夫差与西施披着狐皮大衣，令十多个嫔妃拉车寻梅，全然不顾嫔妃们汗流浃背，每次都要尽兴后方才返回。如此挖空心思地玩乐，可见吴王夫差此时的心思已不在朝政上，全在西施身上了。

吴王夫差对西施越来越喜爱，而西施时刻想着怎样让吴王高兴，怎样让吴王把更多的心思放在自己身上，好让吴王成无道之君，荒废国事。此外，她还有一个得力的助手伯嚭。伯嚭是吴国的大夫，深得吴王宠信，为人奸诈贪婪。越国利用他的这一特点，经常给他送金银珠宝，有时也给他送美女，因而他对越国也是死心塌地听信，与西施一道说越国的好话。

夫差自从得了西施，就一直住在姑苏台，一年四季享乐游玩，不理政事。朝中大臣有劝谏的，都被他或训斥，或驱逐，或罢官，于是大家渐渐也就不敢说了。只有老臣伍子胥，见吴王如此无道，就在姑苏台下进谏劝阻，但吴王还是不理。伍子胥觉得吴王如此势必取祸，劝谏又不听，于是称病不再上朝。

当时，越国在勾践的治理下，国力日益强盛，军队也已训练有素。吴王夫差感到威胁的存在，想要征伐越国，却被伯嚭巧言阻止了。

后来齐国与吴国关系恶化，夫差想要攻打齐国。伍子胥认为，越国才是心腹大患，不宜远征齐国。但伯嚭却力主攻打齐国，并保证出师必捷。

一向与伍子胥有矛盾的伯嚭置国家安危于不顾，趁机挑拨吴王和伍子胥之间的矛盾。结果吴王将伍子胥赐死，提拔伯嚭为相国，还要给越国增加封地，被勾践谢绝了。正如后人所说："吴之亡，应由昏君夫差、奸佞伯嚭大夫负责。"

公元前482年夏初，越国伐吴，大获全胜。

王允献美人计

汉献帝九岁登基。当时东汉政权由董卓把持。董卓为人阴险，滥施杀戮，并有谋朝篡位的野心。满朝文武对董卓又恨又怕。

司徒王允十分担心不除掉奸臣董卓，汉室江山难保。但董卓势力强大，如果正面攻击，无人斗得过他。且董卓身旁有一义子，名叫吕布，骁勇异常，忠心保护董卓。

王允观察发现，这父子二人狼狈为奸，不可一世，但二人有一个共同的弱点：皆是好色之徒。他决定用美人计，让他们互相残杀，以除奸贼。

王允府中有一歌伎，名叫貂蝉，不但色艺俱佳，而且深明大义。王允向貂蝉提出用美人计诛杀董卓的计划。貂蝉为回报王允对自己的恩德，决心牺牲自己，为民除害。

在一场私人宴会上，王允主动提出将自己的"女儿"貂蝉许配给吕布。吕布见这一绝色美人，喜不自胜，十分感激王允。二人决定选择吉日完婚。第二天，王允又请董卓到家里来，筵席间，要貂蝉献舞。董卓一见，垂涎欲滴。王允说："太师如果喜欢，我就把这个歌伎奉送给太师。"董卓假意推让一番，高兴地把貂蝉带回府中去了。

吕布知道之后大怒，当面斥责王允。王允编出一番巧言哄骗吕布，他说："太师要看看自己的儿媳妇，我怎敢违命？！太师说今天是良辰吉日，决定带回府去与将军成亲。"吕布信以为真，等待董卓给他办喜事。过了几天没有动静，再一打听，原来董卓已把貂蝉据为己有。吕布一时也没了主意。

一日，董卓上朝，忽然不见身后的吕布，心生疑虑，马上赶回府中。在后花园凤仪亭内，见吕布与貂蝉抱在一起，他顿时大怒，用戟朝吕布刺去，吕布用手一挡，没能击中。吕布怒气冲冲地离开太师府。原来貂蝉按王允之计，与吕布私自约会，以挑拨他们的父子关系。

王允见时机成熟，邀吕布到密室商议。王允大骂董卓强占了女儿，夺去了吕布的妻子，实在可恨。吕布咬牙切齿地说："若不是看我们是父子关系，我真想宰了他。"王允忙说："将军错了，你姓吕，他姓董，算什么父子？再说，他抢占你的妻子，用戟刺杀你，哪里还有什么父子之情？"吕布说："感谢司徒的提醒，我不杀老贼誓不为人！"

王允见吕布已下定决心，立即假传圣旨，召董卓上朝受禅。董卓耀武扬威地进宫准备受禅。不料吕布突然刺一戟，直穿董卓咽喉。董卓被除，朝廷内外人人拍手称快。

奴仆勿用俊美①，妻妾切忌艳妆。

【字词注解】

①俊美：容貌、体态漂亮。

【精彩解说】

不要选容貌俊美的奴仆，一定不要让妻妾浓妆艳抹。

【智慧解析】

这一条道出中国人的传统思想：做什么事情都不要招摇，用的东西不能追求奢华，为人低调一些，东西实用就很好。正所谓树大招风，太过招摇，可能会引火烧身。

拓展阅读

北齐的灭亡

北齐后主高纬迷恋美色，奢华无度，是个昏庸之主。冯小怜多才多艺，懂得按摩之法，更兼玉体绝妙奇美，令人迷恋难舍。齐后主对她言听计从。

北周武帝是个励精图治的明主，见北齐后主昏庸无能，百姓怨声载道，便乘虚而入。

就在北周武帝率部一路克敌陷城、进逼齐都之际，北齐后主高纬却正携着爱妃冯小怜和诸位王公大臣在天池一带出猎宴游。

从早上到中午，北齐军从前线接连三次羽檄飞报：北周军已连着攻陷了好几处北齐的城池，各地纷纷告急求援。传报的校尉因前方危急,苦等援兵,忍不住连连催促高纬调兵增援。

北齐后主高纬见爱妃冯小怜又是搭弓弄箭,又是骑马打猎的,好久没玩得这么开心,笑得这般畅快了,实在不忍扫了她的兴,因而对校尉的几番催报都没理会。

北齐国丞相高阿那肱见传书的校尉一再催促,不觉怒声呵斥:"边鄙小城与邻国之争是朝廷常有的事。陛下日理万机,好不容易才有时间出宫陪娘娘游猎休闲片刻,你几番催促,是何居心?"

传书的校尉喏喏后退,不敢再催。

如此,一直拖延到黄昏,羽书再次火速飞报,说平阳失守,北周军队正乘胜纵深进击之时,北齐后主才感到有些吃惊了。本想暂停游猎,回宫商议调兵增援之事,怎奈冯小怜仍未尽兴,拉着北齐后主非要他陪她再围猎一次不可。

北齐后主见她正在兴头儿上,不忍不从,于是,跃马驰骋,又陪她围猎了一个时辰,捕获了几头花鹿、几只野雉后,待冯小怜有了几许乏意,这才肯还宫歇息。直到此时,北齐后主方得脱身与众位王公商定增援兵马,立即调集各军迎击北周军。

第二天天亮,北齐后主派宰相高阿那肱率军先行去夺平阳,自己与冯小怜一起乘朱轮华毂随后而行。

北周武帝闻知北齐后主率援兵奔平阳而去,也急忙率军向平阳进发。

北齐数万援军先行赶到平阳城外,因几番攻克不下,北齐军合力在城外掘通了一条地道,将火药塞进点着,城墙骤然轰陷了数丈。

正当北齐军要乘势攻入城中时,却被刚刚赶到的北齐后主一声喝住,下令暂停攻城。

北齐军将士一时皆愣在了那里:兵贵神速,国君为何在此紧要关头诏停攻城?

君命难违，众将士只得盘马弯弓，原处待命。

众将士哪里知道——原来，北齐后主和冯妃的御辇匆匆赶到平阳城外时，北齐后主要携宠妃一起观看大军是如何攻城的。只因冯小怜一路颠簸，满脸汗水，不想衣衫不整地出现在将士们面前。北齐后主只好答应等她补妆更衣后，再在众人之前露面。

冯小怜在左右的服侍下，在龙辇里换上了一身大红锦绣的缃罗长裙、藕荷色披风，重施铅华胭脂，补好新妆后，才扶着宫人的手缓缓下了龙辇。

孰知，就在冯妃补妆更衣的当口，被北齐军轰塌的城墙缺口已被北周士兵合力用木栅堵了个结结实实。待北齐后主携着妆容一新、光彩照人的冯妃出现在众人面前，要观赏攻城壮景时，北齐兵早因贻误战机，无法冲入城中了。

虽一时无法攻入城内，但北齐的几万大军已将平阳城里三层外三层地围了个水泄不通。北齐后主欲令将士仗着数倍于北周的兵力强行攻城时，又怕城上北周军队的弩箭射中了冯妃，于是特令军士抽出攻城所用的云梯木板，专门筑造了一处临时远桥，与冯妃一同登上远桥，遥观攻城场面。

北齐后主高纬与冯小怜并骑观战。坐在马上观看交战的冯妃不懂战事，见北周军一时来势凶猛，北齐军似乎难以招架，众兵一时向后倒退了数步，便骤然花容失色，指着北齐军大声惊呼道："啊！败了！败了！"

随行的众人闻言，骤然挤成一团。北齐后主担心乱军之下伤了冯妃，一时也顾不得辨明战事胜败，也顾不得率军督战，急忙扶着冯妃，趁两军激烈混战、顾不得追堵自己之际，令手下卫士杀出一条血路，仓皇逃离平阳城，直向高梁桥方向逃去。

齐军见国主丢下平阳，一路往高梁桥方向奔逃，也纷纷弃兵相随。

北周武帝获悉北齐后主逃走的消息,当即率大军穷追不舍。北齐后主高纬率部在前面一路狂奔数百里,北齐军数万兵马在后相随,北周大军一路紧追不舍。如此,北齐后主在前面一路逃奔,北周军一路尾随,遇城克城、逢敌克敌。沿途道旁,不时可见北齐逃兵随手丢弃的军辎甲仗诸物堆积如山。

逃到青州附近时,北齐后主惊魂甫定地往后一瞅,只见身边只剩下了几位嫔妃和数十名王公大臣、亲随武士。

北齐后主望着一脸疲惫、花钿斜落,却更显楚楚动人的冯小怜,握着她的手不禁垂泪道:"爱妃,连累你跟朕受苦了……"

冯妃也禁不住呜咽道:"陛下如此垂怜臣妾,臣妾愿与陛下同生共死……"

北齐后主等人仓促逃进青州后,虽紧闭城门,却知道大势已去。为了保住性命,北齐后主不得已着人交出了传国玉玺和乞降书,情愿率太子、嫔妃并诸位属僚归降北周。

高纬被解往长安后,不知死期将至,还请求北周武帝把冯小怜赏还自己……

唉!如此好色,死到临头还不知醒悟啊!

再说冯小怜,此时已经被传为魅主误国的祸水,被赐给一位粗鲁的武将李询做侍妾。而众人都知道李询的大老婆性情暴戾,冯小怜受尽折磨,每天舂米、劈柴、打水,还常遭到李询大老婆的怒骂和虐打。

郎吏冯球

唐人王涯当宰相时,有一天,他的女儿回娘家,对父亲说:"有一个玉匠要卖一个玉钗,做得非常精致,要价七十万钱。"王涯说:"一个钗就要七十万,这是造孽,必然有灾祸相随。"女儿便不敢再说了。过了几个月,女儿告诉王涯说:"那个玉钗已被贾相公的郎吏(小官)冯球买去。"王涯叹息道:"区区郎吏的妻子就有这么值钱的首饰,夸耀奇特,炫耀豪富,郎吏的职位能够长久担任下去吗?"不满百天,冯球早晨去拜见贾相公时,有两个奴婢捧着地黄酒出来,叫冯球饮下。酒刚喝完,冯球便倒地而死。原来冯球与贾府的奴仆有仇,因而奴仆用药酒毒死了他。

石崇与王恺比富

晋武帝统一全国后,志得意满,完全沉湎于荒淫的生活中。上行下效,朝廷里的大臣把摆阔气当作体面的事。

当时在京都洛阳有三个有名的大富豪:一个是掌管禁卫军的中护军羊琇,一个是晋武帝的舅父后将军王恺,还有一个是散骑常侍石崇。

羊琇、王恺都是外戚,他们的权势比石崇大,但是在财富方面却比不过石崇。石崇的钱到底有多少,谁也说不清。这么多钱是从哪儿来的呢?原来石崇当过几年荆州刺史,在这期间,他除了加紧搜刮民脂民膏之外,还干过肮脏的抢劫勾当。当有商人经过荆州地面时,石崇就派部下前去敲诈勒索,甚至像江洋大盗一样,公开杀人越货。这样,他就积累了无数的钱财、珠宝,成了当时最有钱的富豪。石崇到了洛阳,听说王恺家非常富有,有心跟他比一比。他听说王恺家里洗锅用饴糖水,就命令自家厨房将蜡烛当柴火烧。这件事一传开,人家都说石崇家比王恺家阔气。

王恺为了炫耀自己的财富,又在他家门前的大路两旁用紫丝编成四十里长的屏障。谁要到王恺家,都要经过这四十里紫丝屏障。这一奢华之举,轰动了洛阳城。

石崇成心压倒王恺。他用比紫丝贵重的彩缎铺设了五十里屏障。王恺又输了一着,但还是不甘心,于是向他的外甥晋武帝请求帮忙。晋武帝觉得这样的比赛挺有趣,就把宫里收藏的一株珍贵的珊瑚树赐给王恺,好让王恺在众人面前夸耀一番。

有了皇帝帮忙,王恺比阔气的劲头儿更大了。他特地请石崇和一批官员到他家吃饭。

宴席上,王恺得意地对大家说:"我家有一株罕见的珊瑚树,请大家观赏一番怎么样?"

大家当然都想看一看。王恺命令侍女把珊瑚树捧了出来。那株珊瑚树有两尺高,枝条匀称,色泽粉红鲜艳。大家看了赞不绝口,都说真是一件罕见的宝贝。

只有石崇在一边冷笑。他看到案头正好有一支铁如意,顺手抓起来,朝着大珊瑚树一砸,这株珊瑚树被砸得粉碎。

周围的官员们都大惊失色,主人王恺更是满脸通红,气急败坏地责问石崇:"你……你这是干什么?"石崇嬉皮笑脸地说:"您用不着生气,我赔您就是了。"王恺又是痛心,又是生气,连声说:"好,好,你还我来。"

石崇立刻叫随从回家去,把他家的珊瑚树统统搬来让王恺挑选。

不一会儿,一群随从搬来了几十株珊瑚树。这些珊瑚树中,三四尺高的就有六七株,大的竟比王恺的高出一倍。株株条干挺秀,光彩夺目。至于像王恺家那样的珊瑚树,那就更多了。

周围的人都看呆了。王恺这才知道,石崇家的财富比他不知多出多少倍,只好认输。

这场比阔气的闹剧就这样结束了,石崇的豪富在洛阳出了名。当时有一个大臣名叫傅咸,上了一道奏章给晋武帝。他说这种严重的奢侈浪费行为,比天灾还要严重。现在这样比阔气,比奢侈,不但不被责罚,反而被认为是荣耀的事,这样下去怎么得了?!

晋武帝看了奏章,根本不理睬。他跟石崇、王恺一样,一面加紧搜刮财富,一面穷奢极侈。西晋王朝这样腐败,自然摆脱不了灭亡的命运。

因膰去鲁

孔子五十一岁时,在鲁国任掌管刑狱之职的大司寇兼国相职务。孔子任职三个月以后,鲁国社会风气大变。市场上从事买卖交易的人,再也不像以前那样互相欺诈、哄骗了,而是彼此以诚相待,男女之间讲求礼仪,社会秩序安定,路不拾遗。四面八方来鲁国做客的人,都有宾至如归的感觉。

齐国人知道这件事以后,非常害怕。他们议论道:"孔子辅佐鲁国君主,管理国家,将来鲁国一定称霸诸侯。我们齐国与鲁国是近邻,恐怕头一个要被它吞并掉,何不先向鲁国割地表示尊重和友好呢?"齐国臣子黎鉏向国君献计说:"我们不妨用别的办法,先试试看能否阻挠、破坏鲁国强盛的进程,如果实在阻挠不了,那时再向它割地也不晚。"齐国国君采纳了黎鉏的主张。于是,齐国在全国挑选了八十名美丽的能歌善舞的女子,给她们穿上艳丽的衣服,教会她们跳《康乐》舞,再加上三十辆车,每辆车都由四匹各色花纹的高头大马拉着,一齐献给鲁国国君。

齐国人之所以这样做,是因为他们知道,鲁国统治者昏庸腐朽,肯定会对声色犬马的奢靡生活感兴趣,而孔子则看不惯这一套,这样一来,孔子将因与当权者的意见不合而被疏远,不受重用。果然,齐国人的目的达到了。

齐国人将美女和车马陈列在鲁国都城南面的高门外。这件事传遍临淄全城，闹得沸沸扬扬，老百姓对统治者这种荒唐的行为进行责骂。

鲁国掌握政权的大贵族季桓子对齐国人送来的这批礼物垂涎欲滴，多次乔装到城外去观看，然后怂恿鲁定公接受这批礼品。鲁定公便以四处巡行为名，借机出宫观看美女，后来索性成天去看，把国家政事完全抛在了脑后。季桓子后来将美女据为己有，孔子的学生子路很气愤，对孔子说："您可以离开这个国家了。"

孔子犹豫了几天，决定到卫国去。季桓子听到孔子出走的消息，感叹道："孔先生是在怪罪我收下这些歌妓啊！"

这年的大祭后，按礼制应当把祭肉分赠给国中贵族。但在季氏授意下，唯独不给孔子家送祭肉。孔子感到失意，便带领弟子颜回、子路、子贡、冉求等数十人离开鲁国，前往卫国，开始了长达十四年的流离生涯。

祖宗虽远，祭祀不可不诚①。

【字词注解】

①诚：诚心，诚意。

【精彩解说】

祖宗虽然距离我们遥远，但是祭祀时不可不诚心。

【智慧解析】

《孝经》里有一句话："居则致其敬，养则致其乐，病则致其忧，丧则致其哀，祭则致其严，五者备矣，然后能事亲。"这句话说的是如何尽孝，要尽孝道不仅要在父母在的时候尽心奉养，父母去世以后祭拜的时候也要诚心诚意，这样才是真孝。

拓展阅读

董永卖身葬父

董永原本是山东高宛县（今山东邹平）人。东汉末年，地方割据，盗贼四起，董永看到山东不太平，就带着年迈的父亲到湖北德安避难。没过多久，董父得了重病，请医吃药毫无效果，离开了人世。董永悲痛不已，因为自己为避难漂泊，哪里有钱买棺埋葬父亲呢？当地有位姓裴的富翁，闻而怜之，就借钱给他，让他买棺安葬了父亲。董永从此卖身为奴，进了裴家。

一天，董永奉主人之命外出办事。在办完事回来的路上，遇到一个风姿绰约的少妇。少妇真情流露地说："你没有娶妻，还是一个光棍,我是个被丈夫离弃的少妇,能否给你做妻子?"董永是个老实人,在当时来讲是个忠仆。他回答这位少妇说:"这件事我自己不敢做主,须禀告主人。"少妇笑说:"痴郎,你怎么这样怕主人?既是这样,我愿与董郎一同前去见你的主人。"董永便带着这个少妇一同返回裴家。裴翁欣然为他们的婚姻做主,配成夫妻,并让他们在一百天内,织出三百匹绢布赎身,做自由的农人。从这天起,少妇日夜纺织绢布,速度异常快,非常人可及。在一百天的前一天,他们将三百匹绢布交给裴翁,裴翁兑现了他自己的诺言,把董永的卖身契退还给他。从此,董永成了自由的农人。没想到董永刚脱离奴仆身份,少妇忽然向董永告别,说她马上要走了。董永哭着说:"你为我赎身的恩德,我还没有来得及报答,你怎么就抛下我走呢?"少妇答道:"你我夫妻一场,我也舍不得你。但是我是银河旁的织女,天帝念董郎孝心,令我下凡相助,今百日缘满,当回去向天帝交旨。"少妇说完便不见了。

现在湖北省的孝感原来叫德安,因为董永的孝心感动了天帝,所以改名为孝感。这些流传于民间的原始情节,与后来《天仙配》中的情节不同,但都是崇孝的神话传说。

刘谨西南拜父亲

明朝有个叫刘谨的孩子,非常有孝心。

朱元璋做皇帝的时候,刘谨的父亲因为犯罪,被判决流放到云南服劳役。那一年他才六岁,看着父亲离开了家。

刘谨听说父亲被流放云南,就问家人:"云南在哪里呀?"

家人说:"云南呀,很远很远,你往西南方向看,看到了天的尽头,在那下面就是了。"

刘谨看着西南方不说话,后来就早晚向那个方向叩拜。

家里人奇怪地问:"你这是在做什么呀?"

刘谨回答说:"父亲在云南,我在向父亲请安呢!"

刘谨十四岁时,有一天,他忽然对家里人说:"我要去云南找父亲。"

家里人很吃惊,说:"你这么小,云南那么远,这怎么行!"大家都不让他去。

可刘谨态度很坚决。他说:"云南虽然有万里那么远,可天下怎么能有没有父亲的儿子呢?我一定要去!"

家里人拦不住他,刘谨就出发了。路途遥远,刘谨又不认识路,走了六个月的时间,才到达云南。

刘谨在犯人的流放地苦苦寻找父亲,后来竟然在路上碰见了父亲。

父子相认之后,刘谨看着父亲花白的头发、衰弱的身体,心痛得大哭起来。父亲也很难过,两个人互相抱着哭泣。

父亲生了重病。刘谨想让官府把父亲放回家去,就求官府让自己代替父亲服役。可是当时的法律规定在边疆服役的必须是十六岁以上的人,刘谨还没满十六岁。没办法,他就跟在父亲身边照顾他。有了儿子的照顾,父亲的身体渐渐好了起来。

正在这时候,有人捎信说他的哥哥去世了,让他快点儿回家。刘谨怕父亲伤心,瞒着他,说家里有点事情要处理,就离开云南回家去了。

刘谨回到家里,看到哥哥的孩子还很小,根本不能独立生活,他就把自己所有的钱都留给了这个孩子,让家里人好好照顾他,然后又跑到云南去,请求顶替父亲服役。这个时候,他刚刚满十六岁。父亲终于可以回家了。

后来,服役结束了,刘谨也回到家里,他总算能好好地孝敬父亲了。

江革行佣供母

齐郡临淄（今山东临淄）有一个名叫江革的人，字次翁，他从小就失去了父亲，与母亲相依为命。他是一个孝顺的儿子，将母亲照顾得无微不至，尽量不让母亲遭受苦难。

当时是东汉初年，汉室式微，群雄蜂起，盗贼横行，四海扰攘，社会动荡不安，有很多人不得不背井离乡，四处流浪。江革的家乡也发生了动乱，所以他不得不背着母亲四处逃难，颠沛流离。

他们一路上风餐露宿，披星戴月。江革的母亲虽然年老，体重较轻，但走一段长路之后，江革往往累得汗流浃背。母亲心疼儿子，要下来自己走，江革却坚决不肯。他对母亲说，背着母亲就像回到了小时候，感觉到母亲的温暖，而且为自己能够侍奉母亲而心里充满喜悦，所以会越走越有力气。

江革与母亲经历了很多困难，可是他都坚强地挺下来了。母亲渴了，他马上到处去寻水，即使自己唇干舌燥也先要给母亲喝；母亲饿了，他攀越悬崖、高山采野果给母亲充饥，而自己只吃一点点；天色将晚，他想方设法找住处，使母亲能踏实地安歇。在仓皇逃难的人群中，江革处处想到的是母亲的安全，全然忘记了自己的饥饿和疲劳。

在逃难的路上，最令人害怕的是遇到土匪。他们几次碰见成伙的盗贼，都被江革巧妙地应付过去了。

有一次，他把母亲安置在一棵大树下休息，自己到附近采野果，不料又碰到了一伙强盗。这伙盗贼直接冲上来搜他的身，看有没有值钱的东西，可是等搜完身后，他们都傻眼了：这个穷小子除了穿在身上的破烂衣服，啥都没有！

强盗头子火了，大喝道："真倒霉！既然没有银子，就别怪我不客气了。来人，把这个穷小子送到西天如来佛那里去！"

江革一听，忙跪在地上哀求盗贼说："我的命本来就不值钱，我死了还好些，总比活着少受罪。可是我放心不下的是，我还有一个可怜的老母亲要靠我供养……"说着，他指了指不远处坐在树下的母亲，顿时泪珠滚出了眼眶，"我要是死了，她也就活不长了。你们这些大侠也许家里也有老母亲，只是这个世道不太平，你们才会干这个的。请你们看在都有老母亲的分儿上，饶了我，让我好好地供养我的老母亲吧。"

盗贼们听了江革的话后，都沉默了，见他这样孝顺，也起了恻隐之心，不忍杀他。是呀，谁不疼自己的亲人呢？他们本都是平头百姓，做强盗也是迫于无奈呀。那个盗贼头子长叹了一口气，说："娃儿！你说得也真对，我家里的确也有一位老母亲，我做盗贼就是为了能让她过好日子，我不会杀一个孝子的，你走吧。还有，这一带乱兵乱贼特别多，你一定要走小路，保护好你的母亲。"

江革连忙作揖说："谢谢你们，谢谢你们。"

于是，江革又安全地回到了母亲的身边。

江革一路上历尽艰辛，背着母亲辗转来到了江苏邳县，这时他穷困不堪，身上的衣服也烂了，甚至连双鞋都没有，如何奉养母亲呢？他把母亲安顿好以后，就光着脚去给别人帮工，以换得一点儿食物来供养母亲。他还给富裕人家当用人，每天天没亮便开始担水、劈柴、烧火、做饭、牧马、放牛，不分昼夜地干活。江革将挣来的钱全部用来给母亲添置各种物件，母亲所需的样样齐备了，他却舍不得将钱花在自己身上。

后来，江革和母亲回到了故乡，他仍然一如既往地孝顺母亲。就这样，他竭尽孝道的行为传开了，乡里人都称他为"江巨孝"，江革也因此成为我国历史上著名的"二十四孝"人物之一。再后来，江革走上了仕途，官至谏议大夫。

父母虽已死,不可不敬

从前,有一对孤儿寡母,母亲心疼从小失去父亲的儿子丁兰,对他十分溺爱,使他养成了许多不良习惯。丁兰成长为一个少年后,性格暴虐,常常打骂母亲。每天丁兰在山上砍柴,中午母亲煮好饭送到山上。丁兰常常因为饭不合胃口、太热了或太凉了而打骂母亲。

一天,母亲又气喘吁吁地给儿子送饭,因为年老体弱,送到山上的时间晚了一些,心里正在担心被责骂,忽然见到丁兰手里拿着砍柴刀,远远地向她冲过来,以为儿子怨她来晚了,又要打她,吓得扭头就跑。由于慌不择路,一头撞在了树上,头破而亡。其实也正是在那天早上,丁兰见到了和以往不同的景象。以前习以为常的是母乌鸦不停地飞来飞去,为巢中嗷嗷待哺的小乌鸦喂食,而这次见到的却是长大的小乌鸦为年老不能捕食的母乌鸦喂食。丁兰被感动了,自然界的鸟类都知道反哺报答父母的养育之恩,自己却对含辛茹苦的母亲如此不孝,他后悔不已,泪流满面。这时,远远见到母亲端着午饭艰难地向他走来,幡然醒悟的丁兰激动地向母亲奔跑过去,希望表达自己对母亲深深的歉意和爱意。不明所以的母亲返身就跑,丁兰在后面大声呼唤母亲,惊恐的母亲跑得更快,终于酿成了不可挽回的悲剧。这个无法再尽孝的儿子,把撞死母亲的大树砍下来,雕刻成母亲的形象,放在家里天天祭拜。

邻居张叔的妻子向丁兰的妻子借东西,丁妻询问木人,见木人有不高兴的样子,就没有同意。张叔喝醉后便来责骂木人,并用手杖敲木人的头。丁兰回来后,看见木人不高兴,就问妻子原委,得知原委后大怒,提剑便杀了张叔。官吏前来缉捕,丁兰欲逃走,临行见木人为之落泪。郡县官吏得知后,夸奖丁兰的至孝令神明感动,为之画像进行宣扬。

时间久了，丁兰的妻子对木像便不太恭敬了，竟好奇地用针刺木像的手指，而木像的手指居然有血流出。丁兰回家见木像眼中垂泪，问知实情，便将妻子休弃。

三国时期魏国有一个名叫王裒（póu）的人，他对父母特别孝敬。平日照顾父母非常细心，嘘寒问暖，做什么事都要征求父母的意见，不让父母有一点儿担心与不安。

王裒的母亲活着的时候，特别害怕打雷，只要一遇到下雨打雷的天气，她就会吓得不知所措。这个时候，王裒便陪着母亲，给母亲讲笑话，叫她别害怕，母亲在王裒的鼓励和支持下，会慢慢消除恐惧，心情略微好些。

后来，王裒的母亲去世了，王裒便把她埋葬在山林里，为了让母亲能在地下安息，他常常带饭菜来祭奠母亲。每当遇上风雨天气，雷声大作的时候，王裒就会赶到母亲的墓旁，陪着她。

有一次，王裒外出办事，回家的路上，突然乌云密布，狂风大作，眼看一场大雨就要来临。王裒一看天气，惊叫一声："糟了，雷雨马上就要来临了！"

同行的人都觉得很奇怪，忙问："我们又不是没有避雨的地方，你怕什么呢？"

王裒回答说："我不是因为自己害怕雷雨，而是我那逝世的母亲很怕打雷，所以我一定要赶到母亲的坟墓旁，陪着她，让她别担惊受怕！"

于是王裒快马加鞭，赶着马车来到了母亲的坟墓旁，就在他刚下马车时，天空中突然出现了一道光亮的闪电，接着响起了轰隆隆的雷声，再过一会儿，大雨就哗哗地下了起来。

王裒淋着雨跪在母亲的墓前，一边哭，一边对着母亲的坟墓说："母亲，儿来了，您别害怕，我就守在您的身旁，不会有事的。"停了一会儿,王裒又说:"母亲,我再给您讲个有趣的故事吧,相信您听了以后一定会不再害怕了。"接着,王裒就给墓内的母亲讲起了故事。

后来,王裒"闻雷泣墓"的行为传了出去,大家都夸他是一个孝顺的人。

子孙虽愚①，经书不可不读。

【字词注解】

①愚：愚笨。

【精彩解说】

子孙即使愚笨，儒家经典著作一定要读。

【智慧解析】

古人非常看重子女的教育，要求子女们仔细品读儒家经典。所谓知书明礼，儒家经典既可以教导人们遵守礼仪道德规范，又可以教导人们如何为人处世。

拓展阅读

曾国藩与贼

曾国藩是中国历史上最有影响的人物之一。然而你们知道吗，他小时候的天赋却并不高。但是，曾国藩学习非常认真，这里有一个关于他刻苦学习的小故事。

有一天，曾国藩在家读书，其中一篇文章重复读了不知道多少遍了，还在朗读，因为他还没有背下来。不知不觉，夜已经很深了，曾国藩有些困了，可是他又想，这篇文章写得特别美，一定要把它背下来，记在脑子里。于是，他伸了个懒腰，又开始朗读起来。

这时候他家来了一个贼，潜伏在他房间的屋檐上，希望等这个读书人睡觉之后捞点儿好处。等着等着，贼有些困了，可是屋里这个读书人还在不厌其烦地读书。到底在读什么啊？这个贼很好奇，就在屋檐上听了起来。原来，这个读书人一直翻来覆去地读一篇文章啊！

这个贼继续等啊等，就是不见曾国藩睡觉，而是翻来覆去地读那篇文章。最后连这个不认识字的贼都可以把这篇文章背下来了，可是他还在那里诵读。贼人大怒，从屋檐上跳了下来。曾国藩看到突然有一个人从天而降，吓了一跳。还没等曾国藩开口，这个贼就说："这种水平还读什么书？"说完，他将那篇文章背诵了一遍，扬长而去！

"原来是个贼啊。"曾国藩自言自语道，然后，又继续读书了，最后终于把那篇文章背了下来。

那个贼确实比曾国藩聪明，但是从来不读书的他只能做贼，而曾国藩虽然愚笨，却做出了一番成就。

伤仲永

金溪有一个平民叫方仲永，家里世代以耕田为业。方仲永长到五岁时，不曾认识书具（笔墨纸砚），忽然有一天哭着要这些东西。父亲对此感到诧异，从邻居家借来给他，仲永立即写了四句诗，并且题上自己的名字。他的诗以赡养父母和团结同宗族为题材，传送给全乡的秀才观赏。从此，只要指定物品让他作诗，他能立即完成，并且诗的文采和道理都有值得观赏的地方。同县的人对此感到很诧异，渐渐地，人们便请他的父亲去做客，有的人出钱求仲永的诗作。他的父亲认为这样有利可图，每天拉着方仲永四处拜访同县的人，不让他学习。

当方仲永十二三岁时，他写出来的诗并不能与从前的水平相当了。又过了七年，他的才能消失了，已经完全如同普通人了。

方仲永的通达聪慧是先天的。因为他的才能是先天得到的，远远超过一般有才能的人。他最终成为一个普通人，是因为他后天的教育没跟上。像他那样天资聪颖、有才智的人，因后天没受教育，尚且要成为平凡的人，那么，现在那些不是天资聪颖、本来就平凡的人，又不接受后天的教育，想成为一个普通人恐怕都不能够吧？

悬梁刺股

东汉时期，有个叫孙敬的人到洛阳太学求学，每天从早到晚读书，常常废寝忘食。时间久了，也会疲倦得直打瞌睡，他便找了一根绳子，一头绑在房梁上，一头束在头发上，当他读书打盹时，头一低，绳子就会扯住头发，弄疼头皮，人自然也就不瞌睡了，好再继续读书学习。从此，每天晚上读书时，他都用这种办法，这就是孙敬"悬梁"的故事。

通过年复一年地刻苦学习，孙敬饱读诗书，博学多才，成为一名通晓古今的大学问家。

苏秦，字季子，战国时著名的纵横家，是东周洛阳乘轩里（今河南洛阳）人。苏秦少时便有大志，随鬼谷子学习多年。为求取功名，他变卖家产，置办华丽行装，去秦游说秦惠文王，欲以连横之术逐步统一中国，但未被采纳。

由于在秦时日太久，以致盘缠将尽，苏秦只好衣衫褴褛地返回家中。亲人见他如此落魄，都对他十分冷淡。苏秦羞愧难当，下决心用功学习，便拿出师傅送给他的《阴符》一书，昼夜苦读起来。读书时他准备了一把锥子，一打瞌睡，便用锥子往自己的大腿上刺，强迫自己清醒过来，专心读书。如此这般坚持了一年，他再次周游列国。这次终于说服齐、楚、燕、韩、赵、魏"合纵"抗秦，并手握六国相印。苏秦缔约六国，联合抗秦，投纵约书予秦，使秦王不敢窥函谷关达十五年之久。这就是苏秦"刺股"的故事。

囊萤映雪

"囊萤映雪"这则成语中的"囊萤"是讲晋代车胤家贫，没钱买灯油，而又想晚上读书，便在夏天的晚上抓一把萤火虫来当灯以便读书的故事；"映雪"是讲晋代孙康冬天夜里利用雪映出的光亮看书的故事。

车胤从小好学不倦，但因家境贫寒，父亲无法为他提供良好的学习环境，只能维持温饱，没有多余的钱买灯油供他晚上读书。为此，他只能利用白天的零碎时间背诵诗文。

夏天的一个晚上，他正在院子里背一篇文章，忽然见许多萤火虫在低空中飞舞。一闪一闪的光点，在黑暗中显得有些耀眼。他想，如果把许多萤火虫集中在一起，不就成为一盏灯了吗？于是，他找了一只白绢口袋，随即抓了几十只萤火虫放在里面，再扎住袋口，把它吊起来。虽然不怎么明亮，但可勉强用来看书了。从此，只要有萤火虫，他就去抓来当作灯用。他勤学苦读，聪明机灵，很有声望，官至吏部尚书。

同朝代的孙康情况也是如此。由于没钱买灯油，晚上不能看书，只能早早睡觉。他觉得让时间这样白白跑掉，非常可惜。

一天半夜，他从睡梦中醒来，把头侧向窗户时，发现窗缝里透进一丝光亮。原来那是大雪映出来的，正好可以利用它来看书。于是他倦意顿失，立即穿好衣服，取出书籍，来到屋外。宽阔的大地上映出的雪光，比屋里要亮多了。孙康不顾寒冷，立即看起书来，手脚冻僵了，就起身跑一跑，同时搓搓手指。此后，每逢有雪的晚上，他就不放过这个机会，孜孜不倦地读书。这种苦学的精神，促使他的学识迅速增长，最终使他成为饱学之士。后来，他成为一位很有名望的学者，官至御史大夫。

韦编三绝

春秋时期的书主要是以竹子为材料制作的，把竹子破成一片片的，称为"竹简"，用火烘干后在上面写字。竹简有一定的长度和宽度，一根竹简只能写一行字，多则几十个，少则八九个。一部书要用许多根竹简，这些竹简必须用牢固的绳子之类的东西编连起来才便于阅读。像《周易》这样的书是由许许多多片竹简编连起来的，相当沉重。

孔子花了很大的精力，把《周易》全部读了一遍，基本上了解了它的内容。不久又读第二遍，掌握了它的基本要点。接着，他又读第三遍，对其中的精神、实质有了透彻的理解。在这以后，为了深入研究这部书，又为了给弟子讲解其中的内容，他不知翻阅了多少遍。这样翻来翻去，把串联竹简的牛皮带子也给磨断了几次，不得不多次换上新的牛皮带子才能继续读。即使读到了这样的程度，孔子还谦虚地说："假如让我多活几年，我就可以完全掌握《周易》的文与质了。"

居身①务期质朴。

【字词注解】

①居身：即持身。

【精彩解说】

做人修身一定要品质淳朴简约。

【智慧解析】

"居身务期质朴"区别于"自奉必须俭约"之处在于前者是针对"持身"而言的，即自己的一举一动，不能欺诈，而应发自内心地待人以诚信。心术要正，一言一行，循规蹈矩，勤俭安分，诚信无欺。而后者是讲生活要俭朴。

拓展阅读

窦禹钧

窦禹钧，五代燕山人氏，人称"窦燕山"。他积极修身，为富仁且义。

有一次，窦禹钧家里的一个仆人盗走了二千钱后远走他乡，把自己的幼女及其卖身契留下来作为抵偿。窦禹钧知道了这件事后，不但没有生气，反而很怜惜这位失去了父爱的幼女，不仅把她的卖身契烧了，而且还精心地抚养教育她，待其成年后为其置办嫁妆，嫁了户好人家。

对于亲族中贫寒的家庭，窦禹钧更是常常给予接济，没钱办丧事的就出钱帮其安葬，没钱嫁女的就出钱替其置办嫁妆。窦禹钧还开办了一座书院，并购置了数千卷书籍，礼聘品学兼优的老师，接纳四方的孤寒子弟，供他们吃穿及学习，许多人因此得以安身立业，同时也为社会增添了许多正气。窦禹钧全家的生活却异常节俭，家人从来不戴金银首饰，不穿绫罗绸缎，把省下来的钱全部用于做善事。

窦禹钧的行为给了他的几个孩子极大的影响。后来，窦禹钧的大儿子窦仪官至礼部尚书，二儿子窦俨官至礼部侍郎，三儿子窦侃官至起居郎，四儿子窦偁（chēng）官至右谏议大夫，五儿子窦僖官至左补阙，八个孙子也非富即贵，窦禹钧享寿八十二岁，无疾而逝。

季布一诺

季布本为楚地著名游侠，他任侠尚义，在楚国很有名气。楚汉相争时，季布为项羽部将，屡次身先士卒，率兵围困汉军，使得刘邦走投无路。刘邦得天下后，悬赏千金捉拿季布，传令有敢窝藏者株连九族。但濮阳人周氏还是收留了他，后把他化装匿名转移到鲁国朱家田庄里为奴务农。朱家田庄的这位主人也是位侠客，好汉惜好汉，便驾车到洛阳游说汝阴侯夏侯婴，向刘邦进言，赦免季布并任命其为郎中。

汉惠帝时，季布任中郎将。当时匈奴单于来信侮辱吕后。吕后大怒，召集群臣商议对策，上将军樊哙拿出当年那股屠狗劲儿，拍着胸脯道："我愿领兵十万，横扫匈奴。"众将无不阿谀奉承，独季布痛斥樊哙，陈说利害，才免除一场灾难。

后来季布出任河东郡守，汉文帝闻其贤能政绩，召见他想任命其为御史大夫，又听人说季布虽然勇敢，但酗酒任性，难以亲近，因而犹豫不决。季布在京滞留月余，临别时进言汉文帝："我没有功劳，却受皇上恩宠，在河东任职。陛下无缘无故召见我，这一定是有人拿我来欺骗陛下。如今我进京未授新职就回原郡，这一定是又有人在诽谤我。陛下因为一个人的称誉就召幸我，因为一个人的诋毁就遣送我。恐怕天下有识之士听说这件事后，就有根据窥视陛下的深浅了！"汉文帝惭愧而沉默良久才说："河东是我的股肱之郡，所以特地召见您啊！"

楚国人曹丘，极具辩才，多次借权势搜刮民财。曹丘曾侍奉过权贵赵同等人，又与汉文帝妻兄窦长君友善。季布听说了，就写信劝窦长君道："我听说曹丘先生并不是忠厚的人，您不要同他交往。"后来曹丘告退回故乡，想请窦长君写封信，引荐他去见季布。窦长君说："季将军不喜欢您，您就不要去了。"经不住曹丘死缠硬磨，窦长君勉强写了一封信。曹丘派人把信送达季布处，季布果然大怒。

曹丘一见季布，便长揖道："楚国人有句俗语：'得黄金百斤，不如得季布一诺。'您是怎么在梁楚一带获得这种名声的呢？况且我是个楚国人，您也是楚国人。我在天下各地宣扬您的名声，难道这不重要吗？您为什么要这样坚决地拒绝我呢？"季布毕竟是江湖中人，胸襟豁达，且又勾起了对故国的怀念，于是很高兴地领曹丘进入内室，留他住了几个月，把他当作贵客，并送给他许多礼物。季布一诺千金的美名能够传扬四海，和曹丘的雄辩宣传不无关系。

诚信生意二百年

苏州自古就被誉为"人间天堂"，十分繁华。到明代万历年间，城里商肆林立，更是空前兴旺。其中有一间杂货店——孙春阳南货店，是当地有名的商号。

这间杂货店的店主孙春阳是宁波人，曾应童子试，科举不利转而从商。他经商的方法，说奇特也奇特，说平常也平常，主要就是两个字——诚信。可是他就凭着这两个字，使原本规模很小的店铺逐渐发展壮大起来。

孙春阳祖上擅长腌制腊肉和火腿，他很好地继承了这门手艺，并进行了改进和创新，在家乡做起了腌肉的生意。但明朝政府采取闭关政策，宣布海禁，对外的商业贸易中断，宁波一带的商业发展停滞下来。孙春阳看到难以在宁波有大的发展，便来到了苏州，开了这间孙春阳南货店。

当时的苏州，南北杂货荟萃，店铺数以万计，相互之间的竞争极为激烈和残酷。一间小小的杂货店生存下来已经很艰难，要出人头地更是谈何容易！孙春阳经营的杂货，数量不多，种类却很繁杂，都是百姓日常生活的必需品。他从"质"字上面花心思，从"诚"字里头做文章。无论什么货物，他都保证质量，严格进货，真诚地对待顾客，质量有瑕疵的不上架，买主发现有问题的允许退货。

清代著名的诗人、美食家袁枚在《随园食单·小菜单》中记述"玉兰片"时说："以冬笋烘片，微加蜜焉。苏州孙春阳家有盐、甜二种，以盐者为佳。"一味小菜能得到美食名家赞誉，实属不易。《随园食单·小菜单》中记载："熏鱼子色如琥珀，以油重为贵。出苏州孙春阳家，愈新愈妙，陈则味变而油怗。"可见做工精良，诚信经营，是孙氏杂货店的一大特色。

在经营的过程中，孙春阳不断丰富品种。在没有制冷设备的明代，他的南货店自备地窖，一年四季供应各种新鲜水果，人无我有，"每有异品"。冬日有西瓜，酷暑卖蜜橘，孙春阳南货店成为苏州最有特色的店铺。

孙春阳还学习县衙门将所司之事分为三班六房的办法，把所经营的货品也分为六房，包括南北货房、海货房、腌腊房、酱货房、蜜饯房、蜡烛房。分柜摆货，开架以仓储的方式进行销售。顾客看好货后，可在统一的付款处付款，取得提货凭证，然后到各货房领货。而店中总管掌握纲要，一日一小结，一月一总结，一年一大结，既减少了中间环节，降低了经营成本，也便于管理。从顾客的角度讲，货品一目了然，购货时便于比较、挑选。这种分类摆货、统一收银的经营方式，其实就是现代超市的雏形。

在异常激烈的商业竞争中，孙春阳南货店能立于不败之地，其奥秘当得益于用人以诚、恪守信誉、货真价实、童叟无欺。其出售的货物上至皇宫大内，下至平民百姓，无不赞誉有加。

因经营和管理有方，这家店铺由小到大、由弱到强得以代代相传，经历明清鼎革的动乱，历二百多年不败。孙春阳的子子孙孙仍然食其利、享其名。

老字号都有守信诚实的店规，孙春阳南货店更能持之以恒。清朝初年，有人拿了明代万历年间的货券去店中兑取货物，店中人毫不迟疑，立即兑现。其诚实守信的原则，即使改朝换代也不受影响。

可惜这家名扬天下的二百年老店，在太平天国后期毁于战火。但其经营方式却延续至今，并得到了如火如荼的发展。

崔枢还珠

唐朝有个叫崔枢的人去考进士，同南方一商人一起住在汴梁达半年之久，两人成了好朋友。后来，这位商人得了重病，他对崔枢说："这些日子承蒙你照顾，没有把我当外人看待。我的病看来是治不好了，按我们家乡的风俗，人死了要土葬，希望你能帮我这个忙。"崔枢答应了他的请求。商人又说："我有一颗宝珠，价值万贯，极珍贵，愿奉送给你。"崔枢怀着好奇的心理接受了宝珠，事后一想，觉得不妥：如果考中进士，所需自有官府供给，怎么能够私藏异宝呢？商人死后，崔枢在埋葬他时就把宝珠也一同放入棺材，葬进坟墓中去了。

一年后，崔枢到亳州谋生。那个商人的妻子从南方千里迢迢来寻找亡夫，并追查宝珠下落。商人的妻子将崔枢告到官府，说宝珠一定是被崔枢得到了。官府派人逮捕了崔枢。崔枢说："如果墓没有被盗的话，宝珠一定还在棺材里。"于是，官府派人挖墓开棺，果然宝珠还在棺材里。汴帅王彦谟认为崔枢的品质确实不凡，想留他做幕僚，他不肯。第二年，崔枢考中进士，后来一直做到主考官，享有清廉的名声。

蘧伯玉不欺暗室

蘧（qú）伯玉，名瑗，字伯玉，春秋时卫国人，生活的时代和孔子大致相同。他是卫灵公时著名的贤大夫，也是一位道德和操行都非常高尚的人。"卫地多君子"，历来人们都将蘧伯玉作为卫国君子的代表。

蘧伯玉非常贤德，人们十分敬重他。一次，卫灵公与夫人南子在宫中夜坐，听到辚辚的车声，可车声到宫门口时却消失了，过了一会儿，辚辚的车声又响起来。卫灵公就问夫人："你知道刚才过去的人是谁吗？"

南子说："应该是蘧伯玉。"

灵公问："你怎么知道是他呢？"

南子说："君子是非常注意自己的生活细节的，车走到宫门口时没了声音，那是车的主人让车夫下车，用手扶着车辕慢行，怕车声打扰国君。忠臣和孝子不会在大庭广众之下信誓旦旦，也不会因在黑暗之中没有人看到自己的行为而改变自己的操守。蘧伯玉是我们卫国品行端正的大夫，仁而有智，对国家恪尽职守。他不会因为现在是黑夜，没人看见就忘记礼节，所以我觉得是他。"

灵公派人去看，果然是蘧伯玉。

灵公与夫人开玩笑说:"不是蘧伯玉。"

夫人听后马上给灵公斟酒道贺。

灵公说:"你为什么要向我道贺呢?"

夫人说:"开始我以为卫国只有蘧伯玉一个人是这样的贤德之人,现在知道在卫国还有一个和他一样贤德的人,那么我们国家就有两个贤臣了。国家多贤臣,是国家之福,怎么能不向您道贺呢?"

灵公说:"说得好!"然后他把事情的真相告诉了夫人,夫人笑了。

蘧伯玉协助卫灵公把卫国治理得兵强马壮、人民富裕,使其成为春秋时期的强国。晋国大将赵鞅原想讨伐卫国,派人到卫国试探。那人返回后,告诉赵鞅:"蘧伯玉在卫国当政,我们如果贸然攻打卫国肯定会吃败仗的。"赵鞅马上就取消了攻打卫国的计划。

蘧伯玉谦虚谨慎,经常反思自己:"年五十而知四十九年之非。"他又经常鞭策自己,《庄子·则阳》记载:"蘧伯玉行年六十而六十化。"意思是说他年已六十还能与日俱新,随着时代的变化而变化。这样的贤人总是对自己的道德与行为有明确的要求,而且一直认真地按照这些要求去做。

教子要有义方①。

【字词注解】

①义方：行事应该遵守的规范和道理。

【精彩解说】

教育子孙一定要按照儒家的伦理道德规范去做。

【智慧解析】

教育子女，一定要本乎道义，方正行事，并且要讲究正确、科学的教育方法，在今天来说，就是要以德育人。

拓展阅读

孟母三迁

孟子小的时候，父亲就过世了，母亲守节没有改嫁。一开始，他们住在墓地旁边。孟子就和邻居的小孩一起学着大人跪拜、号哭的样子，玩起办理丧事的游戏。孟子的母亲看到了，就皱起眉头说："不行！我不能让我的孩子住在这里了！"她带着孟子搬到市集靠近杀猪宰羊的地方去住。到了市集，孟子又和邻居的小孩学起商人做生意和屠宰猪羊的事。孟子的母亲知道了，又皱皱眉头说："这个地方也不适合我的孩子居住！"于是，他们又搬家了。这一次，他们搬到了学校附近。夏历每月初一这天，官员到文庙行礼跪拜，礼貌相待，孟子见了一一记住并模仿。孟子的母亲很满意地点着头说："这才是我儿子应该住的地方呀！"

后来有一次孟子放学回家，他的母亲正在织布，见他回来，问道："学习怎么样了？"孟子漫不经心地说："跟过去一样。"孟母见他一副无所谓的样子，十分恼火，用剪刀剪断织好的布。孟子害怕极了，就问他母亲这样做的原因。孟母说："你荒废学业，如同我剪断这匹布一样。有德行的人学习是为了树立名声，勤问才能增长知识。所以平时能安宁，做起事来就可以避免祸患。现在你荒废了学业，就不免要做劳役，而且难以避免祸患。"孟子吓了一跳，自此，从早到晚勤奋学习，并拜子思为老师，终于成了天下有大学问之人。

孟子能够取得这样的成就和孟母的教育方法是分不开的。

曾子杀猪

曾子的妻子要到集市上去，她的儿子哭着要跟着她。曾子的妻子骗他说："你回去，等一会儿娘回来给你杀猪吃。"

孩子信以为真，一边欢天喜地地跑回家，一边喊着："有肉吃了，有肉吃了。"

孩子一整天都待在家里等母亲回来，村子里的小伙伴来找他玩，他都拒绝了。他靠在墙根下一边晒太阳一边想象着猪肉的味道，心里甭提多高兴了。

傍晚，孩子远远地看见母亲回来了，他一边三步并作两步地跑上前去迎接，一边喊着："娘，娘，快杀猪，快杀猪，我都快要馋死了。"

曾子的妻子说："一头猪顶咱家两三个月的口粮呢，怎么能随随便便就杀掉呢？"

孩子"哇"的一声就哭了。

曾子闻声而来，知道了事情的真相以后，二话没说，转身就回到屋子里。过了一会儿，他举着菜刀出来了，曾子的妻子吓坏了，因为曾子一向对孩子非常严厉，以为他要教训孩子，连忙把孩子搂在怀里。哪知曾子却径直奔向猪圈。

妻子不解地问："你举着菜刀跑到猪圈里干啥？"

曾子不假思索地回答："杀猪。"

妻子听了，扑哧一声笑了："不过年不过节杀什么猪呢？"

曾子严肃地说："你不是答应过孩子要杀猪给他吃吗？既然答应了就应该做到。"

妻子说："我只不过是骗骗孩子，和小孩子说话何必当真呢？"

曾子说："对孩子就更应该说到做到了，不然，这不是明摆着让孩子学家长撒谎吗？如果大人都说话不算话，以后有什么资格教育孩子呢？"

妻子听后惭愧地低下了头。曾子夫妻俩杀了猪给孩子吃，并且宴请了乡亲们，告诉乡亲们教育孩子要以身作则。

曾国藩教子的故事

曾国藩管辖四省，位列三公，拜相封侯，谥号"文正"。出生在这样的官宦之家，然而，其子曾纪泽和曾纪鸿都没有变成纨绔子弟。曾纪泽诗文书画俱佳，又以自学通英文，成为清朝著名的外交家；曾纪鸿研究古算学亦取得了相当高的成就。不仅儿子个个成才，孙辈还出了曾广钧这样的诗人。曾孙辈又出了曾宝荪、曾约农这样的教育家和学者。

曾国藩的后人能人辈出的原因就在于曾国藩教子有方，"爱之以其道"。

别的不说，只他不为子女谋求任何特殊待遇、教儿节俭创业这件事，就足以令人深思。

咸丰六年（1856年）十一月初五，他给儿子曾纪泽写了一封信。信中说："世家子弟，最易犯一奢字、傲字。不必锦衣玉食而后谓之奢也，但使皮袍呢褂俯拾即是，舆马仆从习惯为常，此即日趋于奢矣。见乡人则嗤其朴陋，见雇工则颐指气使，此即日习于傲矣……京师子弟之坏，未有不由于骄奢二字者，尔与诸弟其戒之。至嘱，至嘱。"

同治元年（1862年）五月二十七日又给儿子曾纪鸿写信说："凡世家子弟，衣食起居，无一不与寒士相同，庶几可以成大器；若沾染富贵气习，则难望有成。"

同治三年（1864年）七月，曾国藩受封侯爵，曾纪鸿正赴长沙考试，曾国藩特别写信告诫："尔在外以谦谨二字为主，世家子弟，门第过盛，万目所属……场前不可与州县往来，不可送条子，进身之始，务知自重。"

他对女儿也同样严格。咸丰十一年（1861年）八月二十四日致女儿："衣服不宜多制，尤其不宜大镶大缘，过于绚烂。"

他还告诉家眷："今家中境地虽渐宽裕，侄与诸昆弟切不可忘却先世之艰难，有福不可享尽，有势不可使尽。勤字工夫，第一贵早起，第二贵有恒。俭字工夫，第一莫着华丽衣服，第二莫多用仆婢雇工……只要人肯立志，都可以做得到的。"

他还要求："吾家男子于看、读、写、作四字缺一不可。女子于衣、食、粗、细四字缺一不可。家勤则兴，人勤则健；能勤能俭，永不贫贱。"

苏轼教子的故事

北宋文学家、书画家苏轼不仅为文汪洋恣肆，明白通畅，在家庭教育上也别具一格。散文名篇《石钟山记》就是他"教子求实"的佐证。宋神宗元丰二年（1079年），苏轼因作诗"谤讪朝廷"被贬谪至黄州（今湖北黄冈）担当团练副使。这是一个闲差事，四十三岁的苏轼得以有空闲经常与长子苏迈一起读书作文，说古论今。有一天，父子俩不知怎的竟谈到了鄱阳湖畔石钟山的名称由来。苏迈从《水经注》等古书中找出许多说法，如"下临深潭，微风鼓浪，水石相搏，声如洪钟""得双石于潭上，扣而聆之，南声函胡，北音清越，桴止响腾，余韵徐歇"。对这些说法，苏轼觉得有些牵强附会，实不可信。苏迈想找其他书，苏轼阻止了他："不用找了。大凡研究学问、考证事物，切不可人云亦云，或者光凭道听途说就妄下结论。看来，石钟山这个问题，还必须实地考察才能解决呢！"石钟山名称的由来这一问题，在苏轼父子俩的心中一悬就是五年，一直到元丰七年（1084年）才得到解决。这年六月初九，苏迈到饶州德兴县（今江西鄱阳湖东）担任县尉，四十八岁的苏轼送他到湖口，顺便带着苏迈一起考察石钟山。白天，庙里的和尚叫一个小童拿着斧头在乱石间挑了其中的一两块来敲打，父子俩并没有听到书中描述的那种声音。月光明亮的当晚，父子俩乘着小舟来到山的绝壁下，沿着山脚寻找。寻到一个地方，只听见一阵阵清畅高扬的声音，"噌吰如钟鼓不绝"。原来，这里的山脚下遍布石窍，大小、形状、深浅各不相同。它们不停地受到波涛撞击，所以才发出各种不同的音响，宛若周景王的无射钟、魏庄子的歌钟，庞大乐队中的钟鼓齐鸣一般……父子俩此刻终于恍然大悟：这才是石钟山名称的由来啊！

难能可贵的是，苏轼能抓住父子俩同探石钟山这件事，谆谆告诫儿子苏迈："石钟山名称的由来本不难明白，只要实地考察就行了，由于一般人不肯下功夫，宁愿到书本里去寻找答案，而浅薄的人又往往附会一些莫名其妙的东西来解释，最终以讹传讹。'事不目见耳闻，而臆断其有无'，是不可能找到正确答案的！"为了让儿子更深刻地理解"求实"的重要性，苏轼又提笔撰文。于是，苏迈乃至后人就读到了苏轼笔下的名篇《石钟山记》。

颜之推教子有方

颜之推是南北朝时期的文学家和教育家。他的理论和实践对于后人颇有影响。颜之推，字介，出身于士族家庭。家传有《周官》《左氏》之学，早年受到良好的家庭教育。梁元帝时，颜之推官至散骑侍郎。梁亡后，颜之推投奔北齐，官至黄门侍郎。北齐灭亡后，他归附北周，为御史上士。隋文帝统一全国后，诏其为学士。颜之推著有《颜氏家训》。该书是他对自己一生有关立身、处世、为学经验的总结，被后人誉为家教规范，影响很大。

幼年时期是奠定基础的重要阶段。颜之推主张早教。他认为：人在小的时候，注意力专注；长大以后，注意力分散。因此，必须及早教育，不要失去机会，并且以自己的亲身体会说：我在七岁时，就读东汉王延寿作的《鲁灵光殿赋》，一直到今天，每十年温习一次，依然不曾遗忘。但二十岁以后背诵的东西，只要搁置一个月就忘记了。

颜之推主张爱子与教子相结合，反对溺爱。他说，父母对子女只知一味地溺爱而不注重教育，对子女在生活方面的要求，总是给予满足，完全放松而不加以限制；孩子做错了事本该训诫，反而给予奖励；说错了话应当责备，反而不了了之……长期如此，对于孩子并没有什么好处，到孩子长大成人后，终归要成为品德败坏的人。为此，他提出爱而有教，严而有慈。他说父母威严而有慈爱之心，则子女畏慎而生孝心。在对待多子女问题上，他主张一视同仁而不能偏爱。他说我们有些做家长的重男轻女，往往出于极端的自私或愚蠢的偏见，这样做实际上已背离了父母之道。家长有意无意地偏爱乖巧伶俐者，这种情形，虽然难以避免，可也是不好的。不仅遭冷落的子女在心灵上受到伤害，而且被偏爱的子女也容易受到家长意想不到的伤害。这不只是教育的方法问题，还是心地问题、精神境界问题。如果做家长的不从思想认识上解决"爱子贵均"的问题，而只是在教育方法上试图一视同仁，与父母朝夕相处而又十分敏感的子女，还是很容易感受到父母的偏爱，从而心灵受到伤害。这对他们的成长是极为不利的。

勤奋学习，成为有用之才，也是颜之推在家庭教育上的一个重要主张。他说，自古以来，圣明的君主尚且需要勤奋学习，何况一般的人呢？这类事在经史中有大量记载，没有必要重复，姑且以近代至关重要的事为例加以说明。大凡士大夫的子弟，从五六岁起就要受教育。有的人学得多，能够读《礼记》《左传》，学得少的也学过《诗经》《论语》。到了成家立业之年，身体及性格已经基本定型，应利用这个时机加倍地进行自我磨炼。有志向的人，自然能刻苦用功，成就学业；操行未立的人，自我放纵、堕落和散漫，自然沦为平庸之辈。人生在世，应当从事一种事业：农民应考虑耕种，商人应议论财物，工匠应致力于器物的精益求精，武夫应熟知骑马射箭，文士应讲论学识。而不能行射礼时射不穿靶子，提起笔来只会写自己的姓名，醉生梦死，一事无成，消磨时光，以此终其天年。有的士大夫因出身于世宦之家，有祖上遗下的功业，得到一官半职，就很自足，完全忘了修习学业，等到有了吉凶难卜的大事，讨论起事情的得失，他便张口结舌了。学习是无止境的，学习的目的在于自己受益。他明确指出：我们读书做学问，就要磨炼我们的心志，培养敏锐的眼光，使我们待人处世不致出现差错。有的人读了几十卷书，就自高自大，欺侮凌辱长辈，鄙视怠慢同辈。人们憎恨他如仇敌，厌恶他如对鸱鸮。像这样，因为学习而遭到自我损害，还不如不学习为好。他要求子孙在学习上专心致志，一定要刻苦，要勤奋，要有毅力，并且列举了历史上勤学的实例来启示后人，说苏秦握锥刺股、文党投斧求学、孙康映雪夜读、车胤囊萤照书、倪宽带经而锄、温舒牧羊编简，都非常勤奋刻苦。又以勤学取得成就的事实来教育后人，如梁朝时彭城人刘绮，是交州刺史刘勃的孙子，早孤家贫，无钱置办灯烛，经常买荻草折成一段一段的，夜里点燃，就亮读书；东莞郡臧逢世二十多岁时想读班固著的《汉书》，苦于借来的书期限不够用，于是就到姐夫那里乞求门客给他一些纸，手抄了一本，后来他终于读到了《汉书》的精髓。

在子女教育上，他还注意到实践的重要性。在他看来，知而不能行，与不知同。他以形象的比喻来说明知与行二者的关系：学习如同种树，春天欣赏它的花，秋天收获它的果实，讲论、写文章，相当于春天的花；磨炼自己，修正行为，则相当于秋天的果实。环境对子女的成长有着很大的影响，尤其是在少年时，人正处在长知识、长身体的时期，很容易受社会风习的感染。他说："与善人居，如入芝兰之室，久而自芳也；与恶人居，如入鲍鱼之肆，久而自臭也。"（《颜氏家训·慕贤篇》）因此，他强调一定要时时注意与子女接触的人，以防他们误入歧途。他明确指出有些富家子弟不学无术，结果成为寄生虫的现象。在梁朝全盛的时期，贵族子弟多数都是这样，以致民间有谚语说："能坐上车不跌落下来就能做著作郎，会说'体中何如'就可做秘书长。"这些富家子弟，在生活方面非常讲究，熏香衣服，剃净面皮，涂脂抹粉，乘长辕轿车，蹬高齿木屐，坐棋子方褥垫，倚着彩绸靠枕，周围陈列农副产品和器玩，出入从容，步履缓慢，看上去仿佛是神仙，实际上，什么也不会。每到"明经"科考试的时候，他们就雇用枪手做策问试卷；每当三、九日公家宴会，就请人代作诗赋。

颜之推非常强调对子女进行自立教育，提倡子女自己养活自己。他说父兄不能长期依靠，家中的财产是不能永远保持下去的，一旦遇到不测，不得不背井离乡，就没有人来庇护。因此，最有效的办法，便是自己靠自己立足于世。有谚语说："积财千万，不如薄技在身。"而在技艺中容易学习和最有用的，莫过于读书。通过读书可以认识中国的文明和历史，拓宽视野。

颜之推有关子女家庭教育的主张，是对当时家庭教育经验的总结。它虽然受时代条件的限制，可也以自己的真知灼见对子女的家庭教育问题提出了见解和主张，丰富了我国古代家庭教育的理论，对于后世产生了很大的影响。

勿贪意外之财①。

—•【字词注解】

①意外之财：因意外得来的不属于自己的钱财。

—•【精彩解说】

不要贪图意外得来的财富。

—•【智慧解析】

意外之财是不属于你的，所以不要贪图。中国有句古话：命里有时终须有，命里无时莫强求。不是你的东西，如果你私自占为己有，可能会有祸患临身。这句话还告诫我们应该断绝贪念，心中要坦荡，不可有一丝贪财之念。

拓展阅读

乐羊子妻

汉代河南郡乐羊子的妻子，不知道是什么姓氏人家的女儿。羊子在路上行走时，捡到一块别人丢失的金子，把金子拿回家给了妻子。妻子说："我听说有志气的人不喝'盗泉'的水，廉洁方正的人不接受他人傲慢、侮辱性地施舍的食物，何况是捡拾别人的失物、谋求私利来玷污自己的品德呢！"乐羊子听后十分惭愧，就把金子扔弃到野外，然后远远地出外拜师求学去了。

一年后乐羊子回到家中，妻子跪起身问他回来的缘故。乐羊子说："出行在外久了，心中想念家人，没有别的特殊的事情。"妻子听后，就拿起刀快步走到织机前说道："这些丝织品都是从蚕茧中生出，又在织机上织成。一根丝一根丝地积累起来，才达到一寸长，一寸一寸地积累，才能成丈成匹。现在如果割断这些正在织着的丝织品，那就会失去成功的机会，迟延、荒废时光。您要积累学问，就应当每天都学到自己不懂的东西，用来成就自己的美德；如果中途就放弃了，那同切断这些丝织品又有什么不同呢？"乐羊子被他妻子的话感动了，便回去继续完成自己的学业，七年不曾回家。

乐羊子离家求学期间，妻子辛勤持家，照顾婆婆。有一次，邻家养的鸡误闯入乐羊子家的园中，婆婆便抓来杀了做菜吃。到吃饭时，乐羊子妻知道鸡的来历，直对着那盘鸡肉流泪，不吃饭。婆婆感到奇怪，问她原因，乐羊子妻说："我是难过家里太穷，不能有好菜吃，才让您吃邻人家的鸡。"

婆婆听了大感惭愧，就把鸡肉丢弃了。

老农贪财命葬黄泉

文星桥位于湖南省长沙市开福区，南起左局街，北至学宫街。1971年，将喻家巷并入，统称文星桥。文星桥原为城北护城河上的一座桥，取"文星高照"之意。清同治年间，《长沙县志》省城图上载有文星桥。相传科举时代，应试士子从湘春门入城，经高升门（取"步步高升"之意）、紫东园（取"紫气东来"之意），过文星桥达贡院街，一路街名均取文运亨通之意。

关于文星桥还有一个故事。传说，很久以前有一个老农在文星桥护城河边种了几亩瓜田，到中秋前后大获丰收。这一年结了一个瓜，过了五六年瓜藤还没有干枯，瓜蒂还是青色的，瓜皮呈青铜色。老农很高兴，就将这瓜留了下来，要家里人不要采摘。秋天快要过去时，来了一位西域商人，对着这瓜看了好一会儿，笑着说："我终于找到了。"然后他从钱袋里摸出银两，问老农愿不愿意将此瓜卖给他。老农说："这是瓜王，没二十两银子不卖。"商人就付给他二十两银子。老农感到奇怪，就问他要这个瓜做什么。商人说："我们西域人能识天下奇珍异宝。如果我不将其中的秘密向你说明白，是会遭天打雷劈的。实不相瞒，这文星桥下有座水底洞府，里面藏着金银，避开守洞的蛟龙，就到万年天库，但天库门锁得严严实实，这个瓜就是开启门锁的工具。只需将这个瓜在门上敲三下，门就会自动打开，其中成堆成堆的宝物随你拿，你就会成为天底下最有钱的人了。"老农大吃一惊，想了想说："请你等到明天我儿子回家后，我再把瓜给你。"商人与老农约好后就走了。

老农把儿子儿媳妇叫来说："我们地里产的宝物，怎么可以随便卖给别人，我们何不自己带着这个瓜去洞府中取宝？"当天晚上，老农的儿子扛着铁铲，儿媳妇带着簸箕，孙儿捧着香和纸钱，老农自己带着摘下来的瓜来到文星桥畔，他们对着桥头烧香纸，磕头跪拜，照商人所说将瓜朝桥头石栏上敲去，那瓜果然就如同敲门砖一样，"吱呀"一声，只见桥下护城河的河水哗哗地向两边分开，露出了河底的两扇朱漆大门，大门霎时打开了。老农点起火把一照，只见下面亮得像白天一样，房屋走廊，亭台楼阁，排列曲折深邃。室内金银气焰蒸腾，飘到门外。老农高兴极了，抱瓜进入室内，脚刚跨进大门，又听到"吱呀"一声，门关上了。儿子儿媳妇来不及进入室内便关在了外面。正当他们惊呆了时，只见河水开始迅速上涨，眼看就淹到了下半身，抬眼一看，文星桥还是横架在河上，河底泥沙一切如常，并没有什么门。只听见老农从地下发出哀声："你们快回去吧，我已献身做这里的库房管理员，不能活着回去了。"老农的儿子举起铁铲欲挖掘河底的泥土时，眼看河水迅速上涨，只得拉着妻子大哭着回去了。

第二天，商人来了，哈哈大笑，他似乎已经知道老农家中发生的事，对老农的儿子说："你父亲因为贪心，成了黄泉之鬼，真是可悲啊。"老农的儿子问他这是什么原因，他说："瓜是不可以进门的，瓜进去了，就把钥匙也一起带进了门，所以门关上了。"老农的家人都团团围着商人下跪，询问还有什么法子重新把门打开。商人摇摇头，想了好一会儿才说："除非找到有胡子的女人、没有胡子的男人、脚趾并在一起的牛、脚趾分开的马才能把门打开，但这些情况是极少见的。"商人说完，边叹惜道："贪心害人呀！"边离开老农的家。

杨震暮夜却金

杨震，东汉弘农华阴人，才学渊博，品行高尚，人称"关西孔子"。他像孔子一样，招收了不少学生，悉心教授。官府好几次慕名请他做官，都被他拒绝了。后来大将军邓骘仰慕他的贤名，亲自登门拜访，请他出来为国家出力。杨震无法再推辞，只得答应。

杨震被委任为东莱太守时，赴任时路过昌邑。昌邑县令王密是经他推举才得以任职的，为了感谢他的知遇之恩，王密带了十锭黄金拜访杨震。

杨震坚决不收，说："作为你的朋友，我自以为是了解你的，所以把你推荐给朝廷，为什么你却对我这样不了解呢？"

王密尴尬地说："这是出于我的一片诚心，没有别的意思。再说，现在是深夜，这事没人知道。"

杨震说："天知、地知、你知、我知，怎么可以说没人知道呢？"

王密不由得满脸羞惭，收起金子，退出去了。

汉昭帝时，杨震担任宰相，封为安平侯。

杨震做官，清正廉明，子孙常常以蔬菜为食，徒步出行。有的老朋友见杨震做了那么大的官，家里还那么清苦，劝他为子孙置办点产业。他却说:"使后世称为清白吏子孙,以此遗之,不亦厚乎?"林则徐曾说:"子孙若如我,留钱做什么?贤而多财,财损其志;子孙不如我,留钱做什么?愚而多财,益增其过。"这话大概是学了杨震做"清白吏子孙"的遗训吧。

贪财的下场

很久以前,有一个村庄,里面住着许多户人家,其中有一户人家有兄弟二人。老大叫牛二,老二叫马四。牛二天生愚笨,长相也不好看;马四天生聪明,长得也英俊,深受父亲的喜爱。父亲逝世后,把财产全部留给了马四。马四得到钱后,把牛二驱逐出了家门。牛二被逐出门后,找人借了把刀,便天天上山砍柴,然后把柴捆起来,背到县城里去卖。日复一日,年复一年,他逐渐富有了。

马四在家里天天享乐,他的钱一辈子也花不完。一天,一位老和尚来到了马四家,说:"这位施主,您看,我能在您家歇一晚上吗?"虽然马四有钱,但他的心眼并不坏。他让老和尚睡在招待客人的房间里,给他吃上好的斋饭。第二天,老和尚送给马四一尊佛像,还嘱咐道:"这可不是一般的佛像,这是一尊神佛像,你只要说一声'阿弥陀佛,快开门',里面就会出来一个小和尚,他会对你百依百顺。"说完,老和尚便走了。马四听后,异常高兴,想:"哈哈!我现在是天下最富有的人了。"想着,他便想证实一下老和尚说的话。于是,他把佛像端到跟前,念道:"阿弥陀佛,快开门!"这时,里面果然跑出来一个小和尚,而且越来越大,这个小和尚问道:"我的主人,您想让我做什么?"马四听见小和尚说话了,很是高兴,于是便说道:"我家本来就有钱,不过不是特别富,我就要金子吧!"这话刚说完,一块儿金子立刻出现在他的眼前,马四大喜,他上去拿起金子,一咬,硬邦邦的,是真的。马四高兴得手舞足蹈,他想:我今后便是天下最富有的人了。想到这儿,他感到美滋滋的。

　　一天晚上,马四叫家里所有的人到院子里欣赏他的表演。马四把佛像拿了出来,说道:"阿弥陀佛,快开门!"这时,里面走出来了一个小和尚。和尚道:"我的主人,您想让我做什么?"马四回答道:"我要金子,我要银子,我要金子,我要银子。"这话刚说完,一大堆金银从天而降。光这几块金银,就把马四家所有的人看傻眼了,他们无一不羡慕马四。马四得到了这么多的金银后还不知足,依然继续要金要银。因为他要得太多了,他们全家人都被活活地压死了。

　　后来,牛二娶了个漂亮的妻子,他俩辛苦劳作,丰衣足食,过上了幸福美满的生活!

原文

勿饮过量之酒。

【精彩解说】

不要喝过量的酒。

【智慧解析】

喝酒要适量，不要贪杯，喝得烂醉如泥。要知道，酒后失态，乐极生悲。喝得太多的话，有的人轻则发酒疯、呕吐，重则数日不醒，甚至当场毙命，更有当场或事后泄露机密的。饮酒误事，要是醉酒驾车，那就更不得了，还有人喝完酒就大打出手，危害社会安定。

拓展阅读

帝王喝酒误事的故事

纣王是商朝最后一位君主，他荒淫无道、崇尚奢侈，又特别喜爱饮酒。《史记·殷本纪》称："（纣）以酒为池，县（悬）肉为林，使男女裸相逐其间，为长夜之饮。"后人常用"酒池肉林"形容生活奢侈，纵欲无度。

商代的贵族也多酗酒，据现代人分析推测，由于当时的盛酒器具和饮酒器具多为青铜器，其中含有锡，溶于酒中，使商朝的人饮后中毒，身体健康状况日益下降。商纣的暴政，加上酗酒，最终导致商朝灭亡。

因酒误事误国的例子在古代不可胜数。春秋时期楚恭王与晋国的军队战于鄢陵，楚国打了败仗，楚恭王的眼睛也中了一箭，为准备下一次战斗，楚恭王召大司马子反前来商量，子反因喝醉了酒，无法前来。楚恭王只得对天长叹，说"天败我也"，将因酒误了战事的子反杀了，班师回朝。

春秋时期，有一次齐桓公因为醉酒，将帽子丢了，齐桓公为此事感到羞耻，于是三天都不上朝。恰逢粮荒，管仲只好自作主张，打开公家的粮仓，救济灾民。灾民欣喜若狂，当时流传的民谣说：（齐桓公）为什么不再丢一次帽子啊！

喝酒是一种享受，但无度地饮酒就不是好事了。今人应该从古人那里吸取教训，不让喝酒误事再次发生。

古代将相喝酒误事的故事

东汉末年，为了严肃军纪，丞相曹操曾发布禁酒令，严禁军中酗酒。可是徐邈却没把曹操的禁酒令当回事。有一天，校事赵达前来问事，发现徐邈喝得烂醉如泥，不省人事。赵达把此事告诉了曹操。曹操大怒，要严肃处理他。左度辽将军鲜于辅替徐邈求情说："平日醉客谓酒清者为圣人，浊者为贤人，邈性修慎，偶醉言耳。"意思是平时喝酒徐邈性情和修养都很谨慎，他只不过是偶尔喝醉罢了。曹操这才没有处分他，但从此对徐邈也不再重用，徐邈终其一生无太大作为。

南朝宋时，掌握禁卫军大权的萧道成准备弑君篡位。有一天，他清早起来，就叫值班的中书舍人虞整起草敕命。但虞整因头天夜间喝酒太多，根本不能操笔，萧道成只好命另一位中书舍人刘系宗起草，刘欣然从命。萧道成废宋建立齐朝后，即任命刘系宗为龙骧将军、建康令，后来更将他提拔为自己的心腹重臣，而虞整从此便销声匿迹了。

五代后晋翰林学士李浣因嗜酒招致后晋高祖厌恶，高祖于天福五年（940年）罢免了他的职位，并把翰林院这一中央机构也一并撤销了，直到四年后才恢复。

苻生贪酒误国

前秦皇帝苻生喝酒不分昼夜，有时一连数月不临朝处理政事。因为少一只眼睛，苻生就忌讳别人说"残、缺、偏、只、少、无、不全"一类词，因误说了这些字眼而被杀的人，不计其数。这个人尤其喜欢剥掉活着的牛、羊、驴、马的皮，用热水煺活鸡、活猪、活鹅、活鸭的毛，把它们放到大殿前面，几十个为一群。有时甚至剥掉人的脸皮，让他们唱歌跳舞，他来观看，以此作乐。

苻生曾经问周围的人："自从我统治天下以来，你们在外边听到些什么？"有人对他说："您是圣明的君主，赏赐得当，刑罚严明，天下人都在歌颂太平盛世。"苻生怒道："你向我献媚！"于是就让人把他拉出去杀了。改天他又问另一个人这个问题，那人一想，不能歌颂他，那就指出他的问题，于是说："陛下的刑罚稍微过分了一点儿。"苻生又怒道："你诽谤我！"这人也被杀了。

有一次，苻生晚上吃枣过多，第二天早晨肚子不舒服，就找来太医令程延，让他号脉诊断。程延说："陛下没有别的病，就是枣吃多了。"苻生很奇怪，问道："你是圣人吗？"程延想我一大夫，怎么会是圣人呢？回道："不是！"苻生大怒："你不是圣人，怎么知道我吃枣了！敢骗朕，拉出去杀了！"

一天，苻生大宴群臣于太极殿，让尚书令辛牢做掌酒官。正喝到尽兴时，苻生一看，大臣们都不怎么喝，掌酒官还在那儿闲着没事干，不高兴了："哎，你这陪酒的不去敬酒，坐那儿干什么？"捞起弓箭来，一箭把辛牢射死。群臣十分害怕，再也没有人敢不喝醉，全都喝得烂醉，横躺竖卧，衣冠不整，苻生这才高兴："'喝酒赌钱品人性嘛'，喝醉了那才是好人哪！"

有一天夜里，苻生对服侍他的婢女说："苻坚、苻法兄弟也不可信赖，应当明天就把他们除掉。"婢女把这一消息告诉了苻坚及他的哥哥清河王苻法。苻法和梁平老及光禄大夫强汪率领勇士数百人潜入云龙门，苻坚和吕婆楼率领手下三百人击鼓跟进，守卫王宫的将士们全都丢掉武器归顺了苻坚。苻生这时在大睡，苻坚的士兵进来后，苻生惊慌地问周围人："这是些什么人？"周围的人回答："强盗！"苻生说："为什么不叩拜？"苻坚的士兵全都笑了。苻生又大声说："为什么不赶快叩拜？不拜者杀头！"苻坚的士兵把苻生带到别的房间，废黜他为越王，不久就把他杀了，定谥号为厉，史称越厉王。

大禹喝酒误朝

大禹因为治水有功而被推举为首领，他因为公事操劳而十分劳累，巨大的压力使得他吃不下饭也睡不着觉，他的身体逐渐瘦弱。禹的女儿眼看着父亲每天忙碌公事，感到十分心疼，于是便请服侍禹膳食的仪狄来想想办法。

有一天，仪狄到深山里打猎，希望猎得山珍美味，为大禹做美味的饭菜，却意外发现了一只猴子在吃一潭发酵的汁液，原来这是桃子流出来的汁液。猴子喝了之后，便醉倒了，而且脸上还露出十分满足的表情。这引发了仪狄的好奇心，他也想亲自品尝一下。一尝，他感到全身热乎乎的，很舒服，整个人筋骨都活络了起来，他大为惊奇，高兴地说："想不到这种汁液可以让人忘却烦恼，睡得十分舒服，简直是神仙之水。"

大禹的病痛一直未见好转，而他也因无力处理部族事务而觉得愧对天下百姓，就在此时共工又趁机引领了洪水出来作乱……大禹更懊恼了。这时仪狄灵机一动，赶紧将上次在深山所发现的汁液拿来给大禹饮用，大禹被这香甜浓醇的味道深深吸引，因而胃口大开，顿时觉得精神百倍，体力也逐渐恢复了，大禹于是带着大伙儿准备迎战。

仪狄得到了大禹对自己的肯定，便决心自己来制作这种汁液，在精卫、小太极和大龙的帮忙之下，终于完成了第一次的酿造，大家都很兴奋，急着想品尝。仪狄便喝了第一口，可是他差点儿没吐出来，因为喝起来就像馊水一样……原来是汁液还没有经过发酵这个步骤，第一次的尝试失败了。经过大家不停地试验及潜心研究，最后终于制作出非常好喝，俗称为"酒"的东西。

大禹打败了共工，决定举行盛大的庆功宴来奖励所有有功人员。大禹吩咐仪狄将所造的酒拿出来款待大家，大家都觉得这真是人间美味，于是愈喝愈多，虽然晕头晕脑的，却都喝得不亦乐乎。大禹也高兴地封仪狄为"造酒官"，命令他以后专门造酒。

但是到第二天，所有的部落首领都在前厅等候大禹，从天色未亮一直等到中午，大家个个心急如焚，却不见大禹的踪影。原来大禹因为喝了酒正在呼呼大睡呢！等到大禹来到时，他很不好意思地对大家说："酒虽然治好了我的病，却使我荒废了部族的事情，我以后再也不喝酒了。"从此大禹便不再饮酒。

原文

与肩挑贸易，勿占便宜。

【精彩解说】

与那些挑着扁担做小生意的人做买卖，不要占人家的便宜。

【智慧解析】

小商小贩挑着扁担走街串巷做买卖，冒着严寒酷暑，十分辛苦，本小利薄，仅仅能够养家糊口，你再占他便宜，于心何忍？我们还可以将这个意思扩展，对有困难的亲戚、邻居、同事、朋友都应怀有仁爱之心。

拓展阅读

曾国藩不占别人便宜

明代人杨继盛在临终前给他儿子的遗嘱中写道："宁让人，勿使人让吾。宁容人，勿使人容吾。宁吃人亏，勿使人吃吾之亏。宁受人气，勿使人受吾之气。人有恩于吾，则终身不忘；人有仇于吾，则即时丢过。"

曾国藩认为，从前那些施恩于他的人都是另有所图，少则数百，多则数千，不过都是钓饵。将来万一自己做了总督或者学政，不理他们吧，失之刻薄；理会他们吧，即使施一报十，也不能满足他们的欲望。正是出于这样的考虑，曾国藩在京城八年，从来不肯轻易接受他人的恩惠，不肯占人半分便宜。身处官场的人几乎没有不同意曾国藩的说法的。这固然包含着对占便宜失节的领会，但更多的是一种怕麻烦的心理，总是担心应接不暇，纠缠不断。曾国藩是一个精明人，当然想到了这一点。

总之，占便宜，无论哪一种形式，哪一种性质，哪一种目的，都可以一言以蔽之：便宜不好占，或者难堪，或者麻烦。正是依据这种不占人半点便宜的处世哲学，曾国藩能做到无欲则刚，处处拒绝利的诱惑，终成一代名臣。

施复拾银

太湖边上有个震泽镇，震泽镇上有一个做丝织的工匠，叫施复。

施复是一个本本分分的百姓。这一天他把自己织的丝织品拿到市场上去卖，卖了以后在回去的路上，看到有个蓝布小包，他拿起来一看，里面有六两多银子。他心中大喜，自言自语道："我今日好生造化，运气太好了，拾到银子了。"他喜滋滋地拿着银子就往家走，走到半路上一想不对，这六两银子都是很碎的银子，掉银子的人肯定跟我一样是个穷人，将心比心，如果自己掉了六两银子的话，就要急死了。于是他转回头去，又跑到刚才拾到包裹的那个地方，在那里等失主。

从中午一直等到傍晚，才看到一个青年急急忙忙跑过来，看到施复守在那里，就问施复有没有看到一个蓝布包，施复就问他那个蓝布包里有什么。那个青年说："那里面有六两多银子。"施复说："我今天等到现在，你的包袱就在这里。"说完把蓝布包还给那个青年。那个青年喜出望外，要把一半银子送给施复，作为酬谢。施复说："我等在这里，就是要把这些银子全都还给你，如果我不等你的话，把它全拿走了，我不是就得到全部了吗？所以我不要这一半，你拿去吧。"

吕洞宾卖姜

有个老太太非常崇敬吕洞宾,一直吃斋念佛,积德行善,天天念叨吕洞宾,想以此得仙人点化。

吕洞宾感知后,便化身一个卖姜小贩来考验老太太诚心与否。

老太太将卖姜小贩迎进门,叫他称一斤姜。卖姜小贩说:"我不认识秤,你自己称吧。"老太太似乎有点儿不相信,便把姜放在秤盘里叫卖姜小贩看重量,卖姜小贩说自己看不出来。老太太于是在秤盘里放了二斤姜,却对卖姜小贩说:"看看,就一斤姜。"

卖姜小贩没有任何异议,收下一斤姜的钱就走了。

老太太窃喜不已,讥笑天下还有这样蠢的人。第二天,老太太发现家门口写了好几行字,赶忙叫识字的人念给她听:早也念吕洞宾,晚也念吕洞宾,吕洞宾来卖姜,两斤当作一斤卖!

老太太听罢,悔得要死。为了贪小便宜,多年功德白费。

见贫苦亲邻，须多温恤①。

【字词注解】

①温恤：体贴抚慰。

【精彩解说】

见到贫苦的亲戚或者邻里，要多加体恤安抚。

【智慧解析】

看见穷苦的乡亲邻里，应该多加关心照顾，尽力救济体恤。对弱势人群应该有一颗同情怜悯之心，有助人为乐、关爱奉献之行。

拓展阅读

秦穆公施仁获救

一年晋国大旱，国君派人向秦国请求援助晋国粮食。秦国的大臣丕豹劝说秦穆公不要把粮食给晋国，还唆使穆公趁机去攻打晋国。穆公询问大臣公孙支的意见，公孙支说："荒年与丰年是交替出现的，不能不给。"穆公又问大臣百里奚的意见，百里奚说："晋国的国君虽然得罪过您，可是他的百姓有什么罪呢？"穆公觉得他们说得对，最后给了晋国粮食。

后来，秦国发生饥荒，请求晋国援助粮食。晋国却以怨报德，趁机出动军队攻打秦国。

穆公说："他们也太不仁义了！"于是也发兵，让丕豹率领大军，自己亲自前往迎击。晋军猛烈攻击秦军，穆公受了伤。

晋军的士兵蜂拥而上，眼看穆公就要被俘，正在这危急时刻，有三百多个百姓不顾危险冲进了晋军。晋军的包围被冲开，这些百姓不仅使穆公得以脱险，而且活捉了晋君。

原来，穆公以前丢失了一匹好马，就是这三百多个百姓把它抓来吃了。官吏逮捕了他们，要惩罚他们。可是穆公说："君子不能因为牲畜而伤害人。我听说，吃了好马的肉，如果不喝酒，对身体不好。"于是就赐酒给他们喝，并赦免了他们的罪。

这三百多人一直对穆公的仁慈怀着感恩之心。这次听说秦国要抵御晋国的侵略，他们都要求跟着去。作战时，他们发现穆公被敌人包围，都高举兵器，拼命争战，要把他救出来，以报答当初被赦免的恩德。

就这样，秦军大胜，押解晋君回到秦国，秦穆公向全国发布命令："每个人都要斋戒独宿，我将用晋国国君祭祀上天。"

周天子听说此事，说："晋君是我的同姓兄弟呀！"就派人来替晋君求情。

晋君的姐姐是秦穆公的夫人，她听到这件事，就穿上丧服，光着脚，哭着跑来见穆公说："我不能阻止自己的兄弟，让他得罪了您，这都是我的过错！"

穆公很不忍心，就说："我俘虏了晋君，以为成就了一件大事，可是现在周天子来求情，夫人也为此事而难过，还是算了吧！"

于是他跟晋国国君订立盟约，发誓往后两国互不侵犯，并答应让晋国国君回国。

辛公义仁爱百姓

隋朝时期，辛公义在岷州（今甘肃岷县）当刺史。当时，那里的老百姓都很害怕患病，如果家里有一个人生病，全家人都会避开，任他自生自灭，以免被传染。这就形成了一种陋俗，那些得病的人很多都孤独地死去了。

辛公义看到这种情况非常忧虑，他不禁联想到自己的身世。他是陇西狄道（今甘肃临洮）人，那里像岷州一样也是一个贫穷落后的地区。他很小的时候父亲就去世了，守寡的母亲含辛茹苦地拉扯他长大。每当他生病的时候，母亲总是日夜守在他身边，家里抓不起药，母亲就自己去挖草药喂他吃，一次次硬是将他从鬼门关拉了回来。当年要不是母亲如此照料，他早就不在人世了……

他很不理解岷州百姓的这种做法，便焦急地对身边的人说："这些人怎么能这样对待自己的亲人呢？我一定要改变这里的鄙陋风俗。"说干就干，他派遣手下人去巡查各个地方，一旦发现因疾病而被家属抛弃的人，就把他们抬到官府来，安置在衙门里。

此时正值炎热的夏天，人们特别容易患上疾病，衙役们从各个地方抬回来的病人实在是太多了，连衙门的走廊里都躺满了人。手下人也害怕被瘟疫传染，所以个个都用布巾蒙住鼻子，将抬回来的病人搁在地上后就远远地避开了。

可是辛公义才不怕呢，他在那些病人中间放了一张床供自己休息，每天就坐在病人中间办公。每当忙完公事，他就亲自侍奉汤药，护理病人。此外，他还将自己的俸禄全部用来买药给病人吃，请大夫给他们看病。在他的感染和带动下，那些躲开的手下人纷纷走了进来，也像他那样照料病人。经过郎中们的治疗，好多病人慢慢好了起来。

过了一段时间，有几个患者的病全好了。于是辛公义把那些病人的亲属找来，对他们说："以前你们不管患病的人，他们才会无辜死去。这段时间我和这些病人在一起吃住，我身体还是好好的，也没见有什么可怕的。现在他们的病都好了，你们还要遗弃他们吗？"

那些病人的亲属都很惭愧地说："是，大人说得对！我们错了，以后再也不做这种愚蠢的事情了。"

慢慢地，辛公义的这种善举感化了当地的人们，大家都变得仁慈而友爱，以前的坏风俗很快就被改掉了，老百姓还把辛公义称为"仁慈的父母官"。

后来，辛公义又去做牟州（今河南中牟）的刺史。他早就听说过那里的治安很不好，盗贼特别多，就想了解到底是怎么回事。刚到任一下车，他就先到监狱里去，一一验问那些犯人，希望能理清他们的案由。一直过了十几天，把案件全部调查清楚了，辛公义才拖着疲惫的身体回到衙门。

一旦出现新的案件，辛公义就直接叫当天值班的助手一起讯问犯人。如果当天事情没处理完，辛公义就会住在衙门里，一直到案件审理结束才回家。

有的人对他说："大人，您为什么要这么辛苦判案呢？这些案件是急不来的呀。"

辛公义回答道："你想想看，老百姓犯了罪，那是因为我没有管理好他们啊！现在他们被关在监狱里，肯定很难受，我如果不快点儿断案，怎么能心安理得地去睡觉呢？"

后来这些话传到了犯人们的耳朵里。他们都亲眼见过了辛刺史的办案作风，于是那些有罪的人受到感化，都老实承认了自己的罪行。其中也有不少犯人是冤屈的，也讲清楚了事情的来龙去脉。辛公义发现当地案件频繁发生的原因就在于百姓的贫穷与贪官的作祟，于是一边大力打击贪赃枉法的行为，一边带领百姓积极搞好生产。

辛公义的言行深深地感动了当地的百姓。后来，当地的罪案越来越少了，社会出现了清平的景象。百姓们倒反为刺史的过度辛劳操起心来，如果有人为一些琐事而想打官司，别的人就会劝他说："这种小事，你怎么忍心让大人再操劳呢？还是自己想办法解决了吧。"于是，双方都尽量地自己化解矛盾，不愿给辛公义添麻烦。

辛公义的事迹像风一般传开，老百姓都夸赞他是一个"仁爱百姓的父母官"。

楚庄王广施仁德

春秋时期，郑国与晋国结盟，背叛了以前的盟友楚国，楚庄王十分生气，于是讨伐郑国。

楚庄王亲自带领军队包围了郑国，不到三个月的时间，郑国的都城便守不住了。郑国国君只好献出国都，向楚国投降。

楚庄王从皇门进入郑都。郑国国君脱了上衣，露出胳膊，牵着羊来迎接楚庄王，他说："我没在边城好好地服侍您，惹您发了怒，这是我的罪过。我怎么敢不听您的话呢？现在，请您把我放逐到南海去吧，或者把我当奴隶赏赐给诸侯，我绝对没有二话。如果您没忘记周厉王、周宣王、郑桓公、郑武公，可怜他们，不忍心断绝他们国家的祭祀，就把这不毛之地再赐给我，让我侍奉您，这是我的心愿，请原谅我冒昧地表露我的真心。那么，就请您处置我吧。"说完，他伤心地流下了眼泪。

楚庄王被他的话打动了，于是想退兵。可是楚国的大臣们不满意了，纷纷说："我们千里迢迢来到这里，士兵们也打得这么辛苦，现在已经打下的国家又要放弃，凭什么？"

楚庄王说："我们之所以讨伐郑国，是因为郑国的国君背叛了我们。现在人家已经答应听话了，还有什么要求呢？"

楚国的大臣们急忙劝说道："君王不能这样做！"

楚庄王说："郑国国君这样谦卑，就一定能爱护自己的百姓，我怎么可以灭了他的国家呢？"说完，楚庄王亲自举起军旗，左右的人指挥军队，率军退后三十里驻扎下来，答应与郑国讲和。郑国国君非常感激楚庄王。

晋国听说楚国攻打郑国，打算派军支援，因为意见不统一，结果来迟了。等到他们到了黄河，楚军已经走了。晋国将帅有的想渡河追击，有的想班师回国。楚庄王听说后，转身率军攻打晋军。这时郑国也派军参战，他们没与晋军合击楚军，而是帮助楚国在黄河上把晋军打得大败。

又有一次，因为宋国杀死了楚国使者，楚国发兵包围了宋国国都，一直围困了五个月。

宋国都城内的粮食都吃完了，老百姓把能吃的东西都吃了，什么都没有了，人们眼看就要饿死了，情况极其凄惨。

宋国的大臣华元没办法，就冒着危险在夜里吊下城墙，出城去向楚庄王诉说城内的情况。楚庄王听了，叹息着说："你是个诚实的人，百姓落到这个地步，我也不忍心再打下去了。"于是撤军离去。

不久，宋国归附了楚国。

刻薄①成家，理无久享。

● 【字词注解】

①刻薄：在和别人相处的时候，说话及对别人的态度冷酷无情、过分苛求。

● 【精彩解说】

如果为人刻薄而发家的话，绝没有长久享有的道理。

● 【智慧解析】

待人接物、与人交谈时，冷酷无情，过分刻薄，不会生活得安乐、美好。这句话讲的是平常待人接物很刻薄的人，自然不会招人喜欢，遇到危难也无人肯帮忙，甚至还会有人落井下石。所以说做人要厚道、谦逊。

拓展阅读

酷吏来俊臣

武则天在平定徐敬业叛乱之后，决心除掉那些反对她的唐朝宗室和大臣。可是，用什么办法才能知道谁在暗中反对她呢？

于是，她就下了一道命令，发动全国告密。不论大小官吏还是普通百姓，只要发现有人谋反，都可以直接向她告密。地方官吏遇到有人告密，不许自己查问，一定要替告密的人备好车马，供给上等伙食，派人护送到女皇行宫，由武则天亲自召见。如果告密的材料属实，告密人可以马上做官；告发如果不符合事实，也不追究诬告的人的责任。

这样一来,四面八方告密的人自然越来越多了。

武则天收到许多告密材料,总得有人替她审问。有一个胡人索元礼,就是靠告密起家的,武则天派他专门办涉及谋反的案件。索元礼是一个极端残忍的家伙,审问案件时,不管有没有证据,先用刑罚逼"犯人"供出同谋。"犯人"受不住刑,就胡乱招了一些口供,这样,他审问一个人就会牵连几十个甚至几百个人。株连越广,案件就越大。索元礼向武则天一汇报,武则天直夸他能干。

有些官吏看到索元礼得到武则天赏识,就学起索元礼来。其中最残酷的是周兴和来俊臣。他们每人手下养了几百个流氓,专门干告密的事。只要他们认为谁有谋反嫌疑,就派人同时在几个地方告密,捏造证据。更奇怪的是,来俊臣还专门编了一本《罗织经》,传授罗织罪状的手段。周兴、来俊臣办起案来,比索元礼还要残忍。他们创制了各种惨无人道的刑罚,名目繁多,花样百出。他们抓到人,先把各种刑具在"犯人"面前一放,"犯人"一看,就吓得招认了。

周兴、索元礼前前后后一共杀了几千人,来俊臣毁了一千多个家庭,他们的残酷就出了名。

有个正直的大臣对武则天说:"现在下面告发的谋反案件,多数是冤案、假案,也许有人阴谋离间陛下和大臣之间的关系,陛下可不能不慎重啊!"

可是,武则天不愿听这种劝告。告密的风气越来越盛,连她的亲信、掌管禁军的大将军丘神勣,也被人告发谋反,被武则天下令杀了。

有一天,武则天接到告密信,说周兴是已经处死的丘神勣同谋。武则天大吃一惊,立刻下密旨给来俊臣,叫他负责审理这个案件。

说来也巧,太监把武则天的密旨送到来俊臣家,来俊臣正跟周兴在一起边喝酒,边议论案件。来俊臣看完武则天下的密旨,不动声色地把密旨往袖子里一放,仍旧回过头来跟周兴谈话。

来俊臣说:"最近抓了一批犯人,大多不肯老实招供,您看该怎么办?"

周兴捻着胡须,微微一笑说:"这还不容易!我最近就想出一个新办法,拿一个大瓮放在炭火上,谁不肯招认,就把他放在大瓮里烤。还怕他不招?"

来俊臣听了,连连称赞说:"好办法,好办法。"他一面说,一面叫公差去搬一只大瓮和一盆炭火到大厅里来,把瓮放在火盆上。盆里炭火熊熊,烤得整个厅堂的人禁不住流汗。

周兴正在奇怪,来俊臣站起来,拉长了脸说:"太后密旨,有人告发周兄谋反。您如果不老实招供,只好请您进这个瓮了。"

周兴一听,吓得魂飞天外。来俊臣的手段,他是最清楚的。他连忙跪在地上,像捣蒜一样磕响头求饶,表示愿意招认。来俊臣根据周兴的口供,定了他死罪,上报太后。武则天想,周兴毕竟为她干了不少事;再说,周兴是不是真的谋反,她也有点儿怀疑,就赦免了周兴的死罪,把他革职流放到岭南(今广东、广西一带)去。

周兴干的坏事多,仇家也多,在去往流放地的半路上,就被人暗杀了。后来,武则天发现索元礼害人太多,民愤很大,就借个由头,把他杀了。

留下的来俊臣,仍旧受到武则天的信任,继续干了五六年诬陷杀人的事。他前前后后不知道杀害了多少官吏百姓,连宰相狄仁杰也曾经被他诬告谋反,关进监牢,差一点儿被他整死。

常言道:恶人自有恶人磨。最后结束来俊臣性命的还是酷吏。这个酷吏名字叫作吉顼,此人曾经和来俊臣共事,心机深沉,胆略非凡,当时也正得武则天信任。

来俊臣斩首那天，洛阳城的老百姓倾城而出，都来看热闹。来俊臣人头刚一落地，百姓蜂拥而上，把来俊臣的尸体挖眼剥皮，连五脏六腑都掏了出来。

为人刻薄的商鞅

商鞅出身于卫国公族公孙氏，又称卫鞅或公孙鞅，后秦孝公将商邑分封给他，故历史上称之为商鞅。他是战国时期著名的政治家，思想家，法家学派最成功且影响最深远的人物，曾流亡于魏国，与魏国有着极深的渊源。

魏国是战国前期最强盛的国家。开国之君魏文侯任用李悝变法图强，使经济得以迅速发展，国力日益强大。后经魏武侯、魏惠王不断努力，魏国称雄中原，霸业得到巩固。

商鞅年轻时爱好刑名之学，曾师从魏国宰相李悝，后来又成为继任宰相公叔痤的家臣。公叔痤知道他少有奇才，临死前把他推荐给魏惠王，希望魏惠王任他为相，还特地嘱咐魏惠王：如果不用他，就把他杀掉，千万不要让他离开魏国。

魏惠王走后，公叔痤又把商鞅叫来，对他说："我已向惠王推荐你为相，惠王没有表态。我又对惠王说，如果不用你，便杀掉你。他似乎同意了，你赶快想办法逃走吧！"商鞅听后却不以为然地说："惠王既然不按您的意见重用我，又怎会按您的意见杀掉我呢？"他决定暂时留在魏国。

魏惠王果然没有把商鞅当回事。当时，公叔痤因战败被俘，被放回魏国后羞忿成疾。魏惠王以为他受了刺激在说胡话，对身边的人说："公叔痤真是病得糊涂了，竟让我重用那个卫国来的流亡小子来管理国家大事，岂不太荒谬了吗？"

战乱年代，人才的得失往往决定着国家的兴亡。魏惠王不能识人善任，就这样让一个千古难寻的治国之才，轻易地从手中漏掉了。这件事的后果之严重，是魏惠王当时无法想象得到的。它不仅改变了魏国的命运，也改变了历史的走向。

不久，公叔痤告别人世。商鞅听说秦孝公下令求贤，千里迢迢投奔秦国，取得了秦孝公的信任和重用。他大刀阔斧地推行改革，使秦国由弱变强，国势蒸蒸日上。

商鞅离魏入秦，起初住在秦孝公的宠臣景监家里。头两次觐见秦孝公，他力劝秦孝公仁义治国，推行帝王之道。秦孝公听得心不在焉，直打瞌睡。事后秦孝公对景监说："你的客人太迂腐了。"等到第三次觐见，商鞅改变策略，大谈富国图霸之术。秦孝公听得饶有兴趣，不知不觉把膝盖向席前移动，靠近对面的商鞅。秦孝公一连与商鞅谈了好几天，大有相见恨晚之感，决定重用商鞅，改革旧制，富国强兵。

商鞅的变法主张在群臣中引起了很大的争议。反对者认为，效法古人就没有错误，遵守旧礼就没有奸邪。商鞅针锋相对地指出：前世的政教不同，我们效法哪个古人？帝王不相因袭，我们拘守谁的礼制？治世不必一以贯道，理国不必拘泥古法，而应当"当时而立法，因事而制礼"。通过激烈的争论，秦孝公坚定了变法修刑的决心，不再犹豫疑惑。

公元前356年，秦孝公任命商鞅为左庶长，正式拉开变法图强的大幕。为取信百姓，商鞅命人在国都南门立起一根三丈长的木头，宣布谁能将这根木头从南门移到北门，就奖赏十金。一时间，百姓轰动，人人都来探头观望，但又恐是戏言，无人应募。接着商鞅将赏金提高到五十金，这时才有人抱着试一试的态度扛起木头放到北门，商鞅如数赏给他五十金。此事传开，百姓奔走相告，说国家不欺百姓，令出必行，言而有信。商鞅趁热打铁，颁布新法条令。

废井田，开阡陌，奖励耕织，统一度量衡，奖励军功，加强集权，推行县制，制定秦律……秦孝公用商鞅之法移风易俗，民以殷盛，国以富强，秦国的政治、经济、军事各方面的发展突飞猛进。商鞅为相十年后，"秦民大说，道不拾遗，山无盗贼，家给人足。民勇于公战，怯于私斗，乡邑大治。"

尽管秦国一度称霸西戎，但当时仍未开化，与东方诸侯强国相比，各方面都要落后许多。商鞅变法不仅改变法令规章，还彻底地改革政治、军事和社会结构，甚至改革风俗习惯、道德观念，这些改革迅速取得了惊人的成效。

自魏国从秦国手中夺取西河之地后，秦国与中原的交通被阻隔已达五十多年。秦国很想夺回西河之地，却受到魏国强有力的压制。经过变法，秦国虽然日益富强，已经开始步入强国行列，却仍不敢公然与魏国为敌。于是，商鞅提出借刀杀人之计，建议秦孝公将祸水东引，坐收渔利。秦孝公就派他出使魏国，劝说魏惠王放弃攻秦，向东攻齐。

见到魏惠王，商鞅施以奴仆之礼节，折节屈膝。魏惠王知道他在秦国很有作为，对当年未听公叔痤的话已颇为后悔，看到商鞅如此谦卑，对公叔痤颇感思念，不知不觉打消了敌视情绪。商鞅转达了秦孝公对魏惠王的敬意，表示秦国永远是魏国最忠实的臣子，极力劝说魏惠王正式称王。

此时，魏国非常强大，没有哪个国家能与之争锋。魏惠王主持中原事务，权力的范围超过了以往任何一位诸侯。魏惠王也觉得自己具备了称王的条件，早已不甘心只当诸侯。在商鞅的怂恿下，魏惠王兴致勃勃地准备舆服仪仗，举行登基大典。

虽然周天子已威信扫地，但诸侯国称王仍然是冒天下之大不韪的异端之举，甚至比谋反还要严重。因此，魏惠王称王引起了各大诸侯国的强烈不满，齐、赵、韩、楚等国先后对魏开战，魏国四面楚歌，成了众矢之的。经过马陵之战的惨败，魏国损兵折将，损失惨重，由此盛极而衰。

商鞅认为魏国是秦国的心腹之患，将来不是魏国兼并秦国，就是秦国兼并魏国。现在秦国已逐渐强盛起来，魏国已引起诸侯国攻击，可趁机攻魏，削弱并逐步摧毁魏国。

在魏国四面楚歌之际，秦国趁机向魏国发起了猛烈进攻。魏惠王让名将公子昂出兵迎战，才迅速稳定局势。公子昂进攻的气势非常强大，秦军无人能挡，秦孝公只好让商鞅前去对付。商鞅在魏国时，与公子昂是好朋友，彼此比较了解，自知不是他的对手。两军对峙，商鞅派人给公子昂送信说："当初我们是要好的朋友，现在各为两国将领，都不忍心攻击对方。我想与公子会见，订立盟约，痛饮几杯，然后各自罢兵，让秦魏两国化干戈为玉帛。"公子昂对老朋友未存戒心，欣然前往。商鞅却在帐中设下埋伏，突然出击擒获公子昂，然后再趁机猛攻，打得魏国元气大伤。

魏国不得不割河西之地向秦国求和。经此一战，魏惠王懊悔至极，愤慨地说："寡人恨不用公叔痤之言也。"商鞅却因此立了大功，受封于商十五个邑，号为商君。

虽然自古兵不厌诈，各为其主，两军对垒之际也时常无所不用其极。但商鞅利用朋友的信任来谋害朋友，还是过于恶毒和阴险，违背和践踏了人最基本的道义和良知。

商鞅认为法令是为治国之本，仁义不仅不足以治天下，而且还会削弱国力。他崇尚严刑峻法，刑罚多如牛毛，施用凿顶、抽肋、镬烹等多种残忍至极的杀人方式，还首设连坐之法，一人犯罪，株连亲邻，大量无辜之人被残害。

商鞅变法曾遭到强烈抵制。反对派以秦国太子的两位师傅公子虔、公孙贾为首，他们为阻挠新法颁布实施，故意唆使太子犯法。商鞅对秦孝公说："国家的法令人人都得遵守。现在太子犯了法，他的师傅应当受罚。"于是，公子虔被割鼻，公孙贾的脸上被刺字，其他不少反对者被残酷地处死。

商鞅只知法治，不恤人情，招致许多人的不满和仇恨。商鞅怕人谋刺，每次出门都带许多卫士，如临大敌。当时有个名叫赵良的游士，特来求见商鞅，劝他爱惜百姓。他告诉商鞅说："秦国人对你已经恨透了，你的寿命像早晨的露水一样长不了，你不如退还封邑，隐居起来去种庄稼。"他还警告商鞅说："你不要仰仗国君为你撑腰，国君一旦死去，你的死期跷着脚就可以等到。"然而，此时的商鞅，正可谓势焰熏天，威风八面，又怎能为一游士所说动？况且，他的所作所为既结怨于贵族，又招致百姓的仇恨，人心尽失，积怨太深，即使他心有所动，想回头也显然为时太晚了。

公元前338年，对商鞅始终信任不渝的秦孝公去世，和商鞅有私怨的太子驷继位。那些对商鞅心怀仇恨，却敢怒而不敢言的人趁机反扑，控告他蓄意谋反。商鞅蛰居自己的封地内惶惶不可终日，只好带着家眷和老母狼狈逃亡。

商鞅的逃亡之路十分凄惨。由于商鞅推行变法，秦国日益强大，各诸侯国怕引火烧身，对他如避瘟神。天不收，地不留，商鞅四处碰壁，成了人人喊打的过街老鼠。最令人沮丧的是，逃亡途中，他想找旅店住宿，却因为没有带通关文牒，店主不敢收留他。而这正是他自己所制定的法律。

万般无奈之中，他想到了自己的故国，希望回到魏国能找到一条生路。然而，他的想法过于天真了。当年，正是他出卖和欺骗老朋友魏公子昂，导致魏国兵败千里。魏国人对他深怀仇恨，视他为魏国之仇、秦国之贼，即使魏国不惧强秦，又怎么可能接受他这样人品低下的人呢？

被魏国拒绝入境之后，天下之大，除了几个死心塌地的徒属，商鞅再无别的指望和依靠。被他割了鼻子、八年闭门不出的公子虔在背后紧追不舍；曾经拥有的官衔、封号连同十五邑的封地，顷刻间灰飞烟灭。商鞅走投无路，被迫在封邑起兵自卫。但他怎么可能是强秦的对手？结果兵败被杀，惨遭车裂，全家被株连杀害。

商鞅是战国时代对历史进程影响最大的人物之一。他主持了中国历史上一次辉煌的变法，而且只用了十九年时间，就把任人宰割的秦国变成了超级强国，奠定了秦国统一六国的基础。他卓有成效的变法实践，在战国后期各诸侯国变法潮流中达到了前所未有的高度，不仅成就了秦国的大业，也为历史的发展做出了不可磨灭的贡献。

对于一个国家的发展来说，人才永远是最重要的要素。魏国失去他，就意味着失去霸权；秦国得到他，就意味着得到天下。然而，商鞅虽然在事业上取得了巨大的成功，却并未改变他的人生悲剧，而且加重了他命运的悲剧色彩。他刻薄寡恩，无情无义，严酷的法律令人畏惧。他出卖良心去附会政治，把自己的名誉和人格都弃之不顾了。他悲惨的结局，应该说也是自食其果。

"赛商鞅"

纪晓岚的《阅微草堂笔记》里讲了这么一个故事，说是有一个人外号叫"赛商鞅"，是位老秀才，带着家眷寄居在北京。此人天性尖酸刻薄，凡是好人好事，他都要刻意从中挑剔，故而得了个"赛商鞅"之名。

翰林院编修钱敦堂先生死后，他的门生们为他筹措款项，置办衾棺，料理丧事，并赡养抚恤他的妻子儿女，事事办得周全妥帖。这位"赛商鞅"却说："世间哪有这么好心的人。他们分明是借机沽名钓誉，好博得人家称他们有古道心肠，让显要人物知道他们的名声，将来想攀附钻营就容易了。"

有一位贫民，他的母亲病饿死于路旁。这位贫民跪在母亲的遗体旁，向路人乞钱买棺，以安葬母亲。他面容憔悴，形体枯槁，声音酸楚悲哀。很多人为之落泪，纷纷施舍给他钱。这位"赛商鞅"说："这人是借死尸发财！那躺在地上的，是不是他的母亲还不知道呢！什么大孝子？骗得了别人，可骗不了我！"

有一次，这位"赛商鞅"路经一座表彰节妇的牌坊。"赛商鞅"抬头看了一阵碑文，嘲笑说："这位夫人生前富贵，家里奴仆众多，难道就没有像秦宫、冯子都那种人？这事得加以查核，我不敢断定她不是节妇，但也不敢说她肯定就是节妇。"

"赛商鞅"平生所操的论调都是这样尖酸刻薄，所以人们都怕他、回避他，也没人敢请他教书。因此，他一辈子不得志，后来贫困潦倒而死。他死后，妻子儿女流落街头，极为悲惨。后来，有人在朋友的宴席上见到一个陪酒的妓女，她的言谈举止颇有书香门第的闺秀风度。人们感到惊讶，认为这样一位女性不该沦为倚门卖俏之流。仔细一问，才知道她就是"赛商鞅"最小的女儿。他的女儿竟走到了这一步，是多么令人悲哀啊！

伦常乖舛①，立见消亡。

【字词注解】

①乖舛：这里是违背、违反的意思。

【精彩解说】

如果违背伦常、乖戾叛逆的话，马上就会消亡。

【智慧解析】

违背了人与人相处的各种准则，例如，违背了父子、兄弟间的长幼关系，就要立刻纠正，否则就会大祸临头。

拓展阅读

伦常孝道故事

◎卧冰求鲤

晋朝时期，有个叫王祥的人，心地善良。他幼年时失去了母亲，后来继母朱氏对他不慈爱，时常在他父亲面前说三道四，搬弄是非。他父亲对他也逐渐冷淡。王祥的继母喜欢吃鲤鱼。有一年冬天，天气很冷，冰冻三尺，王祥为了能得到鲤鱼，赤身卧在冰上。他冻得浑身通红，仍在冰上祷告求鲤鱼。

正在他祷告之时，他右边的冰突然裂开。王祥喜出望外，正准备跳入河中捉鱼时，忽从冰缝中跳出两条活蹦乱跳的鲤鱼。王祥高兴极了，就把两条鲤鱼带回家献给继母。他的举动，在十里八村传为佳话。人们都称赞王祥是人间少有的孝子。

◎ **劝姑孝祖**

明朝时，浙江绍兴山阴有一户姓杨的人家，娶了一个童养媳名叫刘兰姐。刘兰姐年仅十二岁，却很明事理，对家人十分恭敬殷勤。她婆母王氏动不动就冒犯长辈，经常骂祖母"老不死"，将其视为"包袱"，言辞十分粗野。

一天深夜，刘兰姐来到王氏的房间长跪不起。王氏大吃一惊，问其缘故。刘兰姐答道："儿担忧婆母不敬太婆母，日后媳妇将视为榜样，待您老了，也把您视为'包袱'，那时您会多么伤心啊！太婆母长命百岁是我家的大幸，恳求您三思而行呀。"王氏听后恍然大悟，边流泪边叹气说："良言使我受益不浅啊！"于是痛改前非，对待祖母温柔恭顺。而刘兰姐对待王氏亦是如此。

◎ **孝感继母**

清朝人李应麟，居云南昆明，从小温顺善良。他的母亲不幸去世后，他便劝父亲再娶，自己用卖萝卜的收入来供养父母。虽然李应麟对待继母十分孝顺，但是继母却将他视为眼中钉，百般刁难，常常对他施以棍棒。每当这时李应麟总是跪着，恭敬如初，丝毫没有抗拒之意。他的父亲却轻信继母谗言，将他逐出了家门。李应麟仍无怨言，每年父母生日，都准备好礼品回家祝贺。不久李应麟听说继母病了，急忙回家照料，并跑到三十里外的地方求医抓药，不管雨天晴天，天天如此，直到继母病愈。同时李应麟对待继母所生的孩子格外亲和，使继母悔恨不已，至此母子关系改善，胜过亲生子女。

◎ **跪父留母**

宋代，江南有一孝女名叫张菊花。七岁那年，母亲不幸病逝，父亲续娶。张菊花没有因此而分辨生养之别，对待继母仍然恭敬。她的继母却居心不良。一天，其父外出做生意，继母趁机将她卖给人家做婢女。事有凑巧，张菊花的父亲在回归途中，偶遇张菊花，父女相逢，非常高兴。当父亲问她为何落到此种地步时，张菊花含泪不语，生怕连累继母，在父亲的追问下，不得已才告之。父亲听后大吃一惊，当即将张菊花赎了回来。三日后父女回到家，其父见到后妻，十分恼怒，欲将其休掉。张菊花见状，当即下跪为继母求情，父亲终被其孝心感动，方才罢休。继母没有生子，父亲去世后，张菊花对待继母和父亲在世时一样孝敬。

推梨让枣

孔融（153—208年），字文举，东汉末年鲁国（今山东曲阜）人，是孔子的二十世孙。他小时候聪明好学，才思敏捷，巧言妙答，大家都夸他是奇童。四岁时，他已能背诵许多诗赋，并且懂得礼节，父母非常喜爱他。

有一天，父亲的朋友送来一盘梨，父亲把七个儿子都叫来。孩子们看到满盘子硕大的鸭梨，谁不眼馋呢？父亲让年纪最小的孔融先挑。四岁的孔融走到桌前，把盘子里的梨比较了一下，然后挑了一个最小的梨拿在手里。哥哥们见状都在偷笑，小弟弟怎么这么傻呀？父亲看着孔融也感到诧异，问他："你怎么挑了一个最小的呢？"

孔融认真地回答："我的年纪最小，就应该吃最小的。哥哥们年纪比我大，就应该吃大的。"

父亲爱怜地摸着小孔融的头，高兴地对其他孩子说："你们都看到了吧，你们的小弟如此懂得谦让！"

哥哥们听到父亲这话后，都争着把大梨塞给小弟弟，但孔融都拒绝了。

历史上还有像孔融这样的孩子。南朝梁时有个才几岁的孩子叫王泰。有一次他祖母把孙子、外孙子聚集在一起，然后把一簸箕又大又红的枣撒在床上，看他们会怎么办。孩子们立即蜂拥而上，互相争抢，嘻嘻哈哈闹成一团，逗得慈祥的祖母也忍不住笑了。

可是，这时只有一个孩子静静地站在旁边，没有去抢枣——这个孩子就是王泰。祖母感到很奇怪，问他："孩子，你不喜欢吃枣吗？"

王泰点了点头，回答说："喜欢。可是我不能去抢，应该让长辈赐给我，我才能吃。"

这话不但让祖母备感惊喜，也让那些比他年纪大的哥哥和表兄都很诧异，于是一个个将抢到的枣又放回床上，睁大眼睛看祖母。祖母慈爱地搂住了小王泰，对其他孩子说道："对，对，小孙儿讲得对，你们应该向王泰学习，做什么事都要讲礼让。"说完，她捡起床上的枣，一个孩子给一捧，把最多的一捧给了王泰，以示对他的褒奖。

孔融和王泰推梨让枣的举动，后来传开了，并成了典故和成语，用以形容兄弟、朋友之间谦让、友爱的行为。这两个故事一直流传到今天，成为许多父母教育子女的例子。

程门立雪重师道

北方的隆冬十分寒冷，滴水成冰。这一天，正下着纷纷扬扬的鹅毛大雪，把大地装饰成了白茫茫的一片。中午时分，在洛阳通往城外的路上，那皑皑的雪地里，有两个人迎着凛冽的北风和纷飞的雪花，艰难地往前走着。在他们的身后，深深的脚印很快又被大雪掩盖了。

走在前面的那个人，四十来岁的年纪，寒风吹得他清癯的脸庞呈现出少有的红晕，他张嘴哈着雾气，很费力地拔着脚前行。他便是杨时（1053—1135年），字行可，后改字中立，号龟山，宋代著名的政治家、理学家。跟在他身后的人，是他的同乡好友游酢（zuò）。今天他们是专程去拜访理学大师程颐的。

"雪越下越大了！"游酢加大脚步追上来，喘着粗气说，"兄台，要不要避避雪再走？"

"不了。"杨时用手拂了一把落在眉毛上的雪花，坚定地说，"还是走吧！我们来到洛阳时间不长，伊川先生又不是那么容易见到的人。"

杨时对程颐仰慕已经很久了。程颐（1033—1107年），字正叔，人们称他为伊川先生，是杨时以前的老师程颢的弟弟。他们兄弟二人都是北宋极有成就的大学者，被世人尊称为"二程"。杨时自幼就聪颖好学，长于诗文，在家乡曾有"神童"之称。熙宁九年（1076年）考中进士后，他感到自己的学识不够，于是在二十九岁那年前往颍昌，登门拜程颢为师，从他那里学得了不少东西，对自己大有佐助。可是，那往后不到三年程颢先生就去世了。这次来到洛阳，他怎能放过向伊川先生求教这样难得的机会呢？

一想起已故的程颢先生，杨时的心里还在隐隐作痛。这些年来，他担任过地方官吏，也在朝廷中供过职，历任州一级的司法、防御推官、教授、通判、知县、秘书郎、著作郎、经筵等，一直都记着熏染自老师的高洁气节，所以才能做到不畏权势、据理直言，在所任职的地方也取得了"皆有惠政，民思之不忘"的政声……想到很快就能见到老师的弟弟——同样是很出色的先生，他的脚步更有力了。

走在杨时身边的游酢，何尝不是这样的心理呢？他也是程颢先生的高足，曾任萧山县尉、河清（今河南孟津）知县、颍昌府（位于今河南境内）教授等职，很有政绩。

两人终于来到了城外程颐的家。可是没想到，屋宅内外静悄悄的。一个小童看到有客人，迎出门来。杨时很有礼貌地作揖说："请转告你家主人，就说闽籍学生杨时、游酢求见。"小童说："我家先生正在休息呢。"杨时连忙说："啊，不要叫醒他！我们就在外面等吧。"漫天的大雪仍然在下，落在杨时、游酢的头上、身上，但他俩都静静地站着,态度恭敬而虔诚。天气实在太冷了,落在眉毛上的雪花瞬间就结成了冰凌,可两人还是一动也不动,就像是雪地里的两具冰雕。

不知过了多久,天色已经昏暗下来。屋里的程颐午睡醒了,一听小童说闽籍杨时、游酢等待已久,就慌忙出门来迎接,只见两个客人还静静地站在雪地里,他俩脚下的雪已经积了一尺多深,几乎淹到了膝盖。程颐十分过意不去,连声说:"快进来!快进来!"

秦二世争位

有一年冬天,秦始皇巡游东南,小儿子胡亥与丞相李斯陪同前往。

在巡游返回的路上,秦始皇病倒了,病情恶化,便命令赵高写诏书赐给在边疆给蒙恬做监军的长子扶苏,命他:"立即回咸阳,主持丧事,然后安葬。"秦始皇病死在沙丘宫。丞相李斯担心皇上在都城外死去,诸公子和天下百姓有可能趁机作乱,于是隐瞒消息没有发丧,将棺木放在车中,派自己亲信的宦官驾车,每到一地照旧进呈饭食,百官奏报政事也照样进行,由最宠信的宦官传话允准。

只有胡亥、赵高,以及最受宠信的五六个宦官知道秦始皇已经死去。

当初,秦始皇器重蒙氏兄弟,对他们特别信任。蒙恬带领重兵守卫边疆,其弟蒙毅在朝廷中参谋决策,兄弟两人被称为忠信之臣,所以即使是将军、丞相也不敢与他们比一下高低。

赵高小时候就被阉割,秦始皇听说他身体强壮,又通晓监狱的法规,就提拔他做了中车府令,让他教胡亥学习法律,胡亥对他非常信任。后来赵高犯罪,秦始皇派蒙毅审理他的罪案。蒙毅依法判处他死刑。秦始皇念赵高处事机敏,就赦免了他,并且恢复了他原来的官职。赵高一向得到胡亥的信赖,而且又怨恨蒙氏兄弟,便趁机劝说胡亥假传始皇帝的圣旨,诛杀扶苏而自立为太子。

胡亥欣然听从并采纳了他的计谋。丞相李斯考虑再三,认为赵高的计谋对自己有利,就与他合谋,假称接受始皇帝的遗诏,将胡亥立为太子。于是改写诏书给扶苏,责备他没有能力开辟疆土、创立功业,将军蒙恬不能矫正扶苏的过失,还参与谋划,全部赐死,把兵权交给副将王离。

公子扶苏接到诏书,流下眼泪,进入内室准备自杀。蒙恬赶来劝他说:"陛下出外巡视时,并没有立太子,派臣下率领三十万大军守卫边疆,由公子任监军。今天一个使者忽然到来,让我们马上就自杀,怎么知道其中没有奸诈?等请示之后证实确实是皇上的旨意,再自杀也为时不晚。"使者连连催促他们自尽,扶苏对蒙恬说:"父亲命儿子死,何必再请示。"随即自杀。

巡游的皇家车队从井陉赶往九原,时值暑期,车中秦始皇的尸体已开始腐烂,臭气熏天。李斯迫不得已令跟从的官员设法在车上装载一些鲍鱼,利用奇臭的鱼腥气味来迷惑众人,使人分辨不清究竟是什么臭味。直到回到咸阳他们才正式给秦始皇发丧,太子胡亥正式继任帝位,史称秦二世。

此后,胡亥又肆意迫害良臣贤相,进一步把自己推向了深渊,加速了秦王朝的灭亡。

兄弟叔侄，须分多润寡①。

【字词注解】

①寡：少的意思，这里是贫穷的意思。

【精彩解说】

兄弟叔侄之间，富有者要安抚帮助贫穷者。

【智慧解析】

兄弟之间应该学会相互帮助，亲戚之间富有的要帮助贫穷的，这在人情上、亲戚间的情分上都是应该的，另外这也有助于家庭的和睦。家庭和睦，万事才能兴旺。这层意思扩展开来就是兄弟亲戚之间要和睦相处，互相帮助，相互尊敬。

拓展阅读

兄弟情深

明朝有两兄弟，哥哥叫赵彦云，弟弟叫赵彦霄。他们的父母去世后，云霄兄弟二人在一起生活了十二年。后来哥哥彦云因为吃喝玩乐，把自己的学业、事业都荒废了，于是就跟弟弟提出来要分财产，他想，如果自己拥有一部分财产，就能够任意地花费。分家五年之内哥哥就把自己那份家产都败完了，这个时候，弟弟彦霄摆了一个家宴，请哥哥来赴宴。他跟兄长说："弟弟其实没有要分家的意思，只是因为哥哥您吃喝玩乐，怕的是不能够把我们祖辈的家业守住，所以才同意跟您分家，我只是为了守住一半的家业。现在您如果愿意，就请您回来，我把我这一部分的家业全都给您，让您主持家事。"于是他马上把自己跟兄长分家的那个契约拿出来，当众把它焚烧掉，把家里仓库的钥匙也都交给兄长，并且还代兄长还了拖欠的款项。这些举动令兄长非常惭愧。赵彦霄既保全了家业，也挽救了兄长。后来，赵彦霄跟他的儿子都考中了进士，得以显贵。

叔代侄死

元顺帝至正年间，从黄州地区过来一帮匪寇，到龙泉骚扰祸害百姓。章溢带着他的侄子章存仁避乱山中，但章存仁还是不小心被匪寇抓去了。章溢心想："我哥哥只留下了这一个儿子，我怎能让哥哥绝后啊！"于是不顾自身安危，跑到匪寇那里，说："章存仁还是个小孩，无知无识，你们杀了他也没有什么意义，我愿意代替他被你们杀。"匪寇不理会他，他便苦苦哀求，号啕大哭，又说只因他是自己的亲侄儿，而自己的哥哥只有这一根独苗留在世上，看在这孩子可怜的分儿上请放了他。那群流寇向来听闻章溢在地方上的美名，正想以重金求得章溢，不料正好在此巧遇，流寇们都很惊喜。流寇的头子想就地方叛乱的计划请教章溢，章溢却义正词严地拒绝说："你们也是有父母子女的人，怎能干出如此灭祖灭宗的坏事啊？！"流寇们一听，大为气愤，将章溢绑在柱子上，用刀威胁他说："不听话的话，你就只有死路一条！"章溢回答说："贪生怕死，这虽然是人之常情，但我章溢绝不会为不义之事而屈服。"流寇问："难道你真的不怕死？"章溢回答："死有何惧！"流寇们听后，都被他感动了，反而都不敢加害他。至半夜，负责看守章溢的人故意放他脱逃。如此这般，匪寇便把他们俩都放了。从来处变之时，最能检验一个人的情意。章溢对兄长、侄儿的深情笃志，可以算得上是大丈夫的所作所为了。

兄弟争死

汉朝时,有一个人姓赵,单名孝,表字常平,和他的弟弟赵礼很是友爱。有一年,年成不好,一帮强盗占据了宜秋山,把赵礼捉去了,并且要吃他。赵孝赶紧跑到了强盗那里,恳求那帮强盗,说道:"赵礼是有病的人,并且他的身体很瘦,不好吃。我的身体生得很胖,我情愿代替我的弟弟给你们吃。请你们把我弟弟放了吧。"强盗还没有开口说话,他弟弟赵礼就不同意了,他说道:"我被你们捉住了,就是死了,也是我自己命里注定的。哥哥有什么罪呢?!"两兄弟抱着大哭了一番。强盗也被他们感动了,就把他们兄弟俩都放了。这件事传到了皇帝那里,皇帝下了诏书,让他们兄弟两个都做了官。

孔融,字文举,是东汉末年的学者,有名的"建安七子"之一。

东汉末年,宦官把持朝政,政治十分腐败。孔融十五岁的时候,有个叫张俭的官员揭发了当权的宦官侯览和他的家人所犯的罪恶,却反遭陷害,官府要抓捕他治罪。

张俭是孔融的哥哥孔褒的好友,急迫之中,他逃到孔家,请求掩护。不巧孔褒外出不在家,孔融就出来接待了他。张俭见孔融还是个孩子,就没有说明来意。孔融看出了张俭神情紧张、欲言又止的样子,一定是有什么为难的事,就对张俭说:"我哥虽然不在家,但你是他的好友,难道我就不能做主收留你吗?"听了孔融的话,张俭心里踏实下来,他在孔融家里躲藏了好几天,找了个机会,安全地逃走了。

不料有人知道了这件事情,就去向官府告发了。官府抓不到张俭十分生气,就把孔融和他的哥哥孔褒抓了起来。

审官对孔融和孔褒说:"你们兄弟到底是谁放走了张俭?你们知道不知道,张俭是朝廷的要犯,放走了他就是犯了杀头之罪!"

听了审官的话,孔融知道哥哥和张俭是好朋友,朝廷是不会轻易放过他的，只有自己主动承担罪责，才能保全哥哥的性命。于是，他对审官说："留藏张俭的是我，您要治罪的话，就请治我的罪吧！"

听了弟弟把罪责承揽在自己身上，孔褒忙说："张俭是来投奔我的，这不关我弟弟的事！要杀就杀我吧！"

孔融、孔褒兄弟在堂上争了起来，都说是自己留藏并放走了张俭。

审官见兄弟俩争罪，怎么也拿不定主意。最后，只好如实上报。后来，皇帝定了孔褒的罪，下令杀死了他。

孔融虽然没能救了哥哥，但是他友爱兄长、凛然争死的事迹却流传了下来。

原文

长幼内外,宜法肃辞严①。

【字词注解】

①法肃辞严:家规严格,言辞庄重。

【精彩解说】

无论长幼还是内外,如果犯了错误,都应当家法严格,严辞庄重。

【智慧解析】

治家要家法严格,对长辈要尊敬,不可逾矩。这句话告诉我们,治家之道,家法要严,长幼要有序,这样子孙才会孝顺,不会忤逆父母。把这个道理扩展开来,就是人们不仅要教育孩子尊敬自己的父母,还要尊敬别人的父母,尊师重道,这样才能够有严谨的家风。

拓展阅读

曾国藩教子家风

曾国藩,字伯涵,号涤生,湖南双峰人。生前声名显赫,身后褒贬纷纭。镇压太平军有功于清政府,被封为勇毅侯,官居一品,死后谥号"文正"。"誉之则为圣相,谳之则为元凶。"然而,其教子家风,却着实令人崇敬。

自古以来,多少名臣名将治国济世堪称奇才,而治家能力却匮乏。被称为晚清中兴第一名臣的曾国藩,在治家教子方面被称为"中华第一能人"。那时天下风云变幻,几番改朝换代,可曾家始终保持了谨严的家风,名人辈出,延续五代不衰。

1811年,曾国藩出生于湖南湘乡一个地主家庭。母亲对他要求极严,从小就要他参加农业劳动,因而"耕读为本"的传统观念对他影响极深。他做了高官,仍忘不了教育子女保持一个"勤"字。他说:"家勤则兴,人勤则健。""劳则善心生,逸则淫心生。""勤则有才而见用,逸则无能而见弃。"具体来说,他治家教子有五招:

"早晨要早起"是他催促家人养成勤劳作风的第一招。曾国藩想了许多方法,督促家人克服惰性,养成勤勉劳苦的作风。

曾家一直保持了早起的习惯,不准家人睡懒觉。曾国藩和夫人以身垂范,每天黎明即起,要求儿女"莫坠高祖考以来相传之家风"。

强调适当参加体力劳动,是曾国藩用来培养家人勤劳作风的第二招。曾家男子每天的主要任务是读书、写字、写文章,但必须参加一些诸如打扫卫生、喂鱼、养猪、种菜之类的体力劳动。曾国藩将其归纳为书、蔬、鱼、猪、早、扫、考、宝治家八事,其中除考、宝、书讲的是祭祀、待邻、读书外,其他五事讲的都是劳作。

他反复叮嘱:"此八事纵不能一一亲自经理,而不可不识得此意。"对于女子则要求每天必须做些针线活,还要求学会下厨房做饭。

提倡俭朴,力戒奢侈,是曾国藩治家教子方略第三招。他认为,"儿女越贫贱,越知生活之艰难;越知发奋,亦就越易成器""而世家子弟条件优越,易犯奢侈",一门心思都用在追求奢华的生活上,不仅难以成才,而且还会由此变坏。故世家子弟欲成大器,就须"崇俭""以戒奢侈为要义",努力像贫寒子弟那样生活。基于这种认识,他对家庭的物质生活管束很严,规定甚细。曾家日用家具,"但求结实,不求华贵"。文房四宝,"但求为寒士所能备者,不求珍异也"。每月生活所需银两,"限一成数,另封称出。本月用毕,只准盈余，不准亏欠"。吃饭方面，他自己经常"夜晚不用荤菜，以肉汤炖蔬菜一二种""后辈则夜饭不荤，专食蔬而不用肉汤"。穿衣方面，他自己"忝为将相，而所有衣服不值三百金"，要求子女"衣服不宜多制，尤不宜大镶大缘，过于绚烂"。婚丧喜庆则"一切皆从俭约"，就连他母亲的丧事，也照一般人家开席用菜，"不用海菜"。

曾家虽比一般人家生活水平高，但与富豪人家相比算是俭朴的。据曾国藩的曾孙女曾宝荪回忆："小的时候，我家仍保持着祖训遗风。其他有钱人家大多信僧信道，香花蜡烛，斋供果品，四时祭拜，开支颇豪，而我家每年只吃四天素（观音斋）。听唱戏是那时大户人家的一大嗜好，多数人家建有花厅戏台，遇喜庆佳期，便请客喝酒，唱戏招待，而我家只有祖母和父亲生日时唱两天戏。赌博这种恶习在我家也兴不起来。那时有些富豪子弟四季泡在赌场，我家子弟一个也不去赌，只在每年腊月二十四至来年正月十五这段时间里，自家人关起门来玩玩象棋和牌类，其他时间一律不准出格。"

"门第越高，越应谦虚待人，谨慎处事，切不可盛气凌人，仗势胡为。"这是曾国藩治家教子的第四招。他反复告诫家人："切不可有官家风味。"他规定："门外挂匾，不可写'侯府''相府'字样"；对四邻，"以和相处，不可轻慢，酒饭宜松，礼貌宜恭"，不可"有钱有酒款远亲，火烧盗抢喊四邻"；对雇工和用人"要尊重，不可颐指气使"；对自己不满意的人，"不可当面给人难堪，使人下不了台"；对地方官员，"不可无理怠慢，更不能随意增添麻烦"。

同治二年（1863年）八月，儿子曾纪泽坐父亲的船从长沙去金陵办公事。曾国藩提醒儿子："船上有大帅字旗，余未在船，不可误挂。"还提醒说："经过府县各城，可避者略为避开，不可惊动官长，烦人应酬也。""以后凡有亲属外出，不可叨扰官府，更不准接受沿途官长的礼物、酒席和让府县支付应由自家开支的经费。"

重读轻仕是曾国藩教子的第五招。天下父母皆望子成龙,所谓成龙,说白了就是"成官"。

曾国藩年轻时求功名之心极盛,为官几十年后,却并不像众多家长那样希望儿孙进入仕途。他明确表示:"凡人多望子孙为大官,余不愿为大官,但愿为读书明理之君子。"究其原因有二:一是"天下多难""虽大富大贵亦靠不住",选择做官并非好前程;二是"官场险恶,祸福无常"。他自己就心怀疑虑,几次欲辞官归隐,当然也就不希望子孙再走官宦之路,他希望子孙读书明理,具有真本事。这样,不做官也不愁没出息。

为了把子孙都培养成为读书明理的君子,曾国藩在子女们的学习上下了极大的功夫。他不置田产,"不积银钱留与儿孙,惟书籍尚思添买耳"。凡是子女弟侄想要的书,他总是照买不误,一买就是好几套。他在家里还专门建了藏书楼,藏书超过十万册,为后人创造了良好的学习条件。

他规定,家中男子每天必须做四件事:"看""读""写""作"缺一不可。"看""读"要上五页纸,写字要写一百个,三八日作一文一诗。尽管父子间经常相隔千里之遥,但他总是怀着深深的父爱,用自己渊博的知识和丰富的人生阅历,用书信给予子女细心指导。

他要求两个儿子经常写信汇报自己的学习情况,如看了哪些书,有些什么心得体会,还有何疑难问题等,都要详细禀告。曾国藩有求必应,对子女的指导无微不至,读哪些经,看哪些史,练哪些字体,先学哪些,再学哪些,大到一部经典如何掌握其精髓,小到"涵泳"二字如何理解,字要怎样才能写得秀丽,文章要怎样才能做到峥嵘而富有气势等,无不一一悉心给予指导,就像先生面对面授课一般。他的教诲,如春雨润物,如朋友推心置腹,又似老师那样循循善诱,很多时候还用自己的教训去启发鞭策儿子。

他教育孩子要尽可能多地掌握知识，不要单纯囿于经史子集、天文算学，外国知识也要学，并要重点有所突破。他将"天文算学，毫无所知""少时作字，不能临摹一家之体，遂致屡变而无所成，迟钝而不适于用"，以及"每做一事，治一业，辄有始无终"作为平生三耻，示子为己雪耻。

由于曾国藩倡立"学本位"，诗书传家，几代都出奇才。曾纪泽正是根据父亲的教诲，自修了英、法、俄三国语言，为日后出任驻外公使，不辱使命打下了基础。此外，他在诗文书画方面俱佳，成为全面人才。曾纪鸿受"雪耻"之教的影响，自幼即钻研数学，锐思勇进，创立新法，有《对数评解》《圆率考真图解》《粟布演草》等数学专著传世，是中国近代著名的数学家。孙子曾广钧，是近代颇有名气的诗人，政治上还是个倾向进步的"维新派"。曾国藩孙辈的曾宝荪、曾约农是著名的教育家和学者。其他后人，在大学任教和从事科研工作的不下十位。

毋庸置疑，曾国藩花这么大力气治家教子，根本目的还是为培养维护封建统治"修身、齐家、治国、平天下"的"有用之才"，但他成功的治家教子之法还是很值得后人深思和借鉴的。

原文

听妇言，乖①骨肉，岂是丈夫？

【字词注解】

①乖：断绝，隔绝。

【精彩解说】

听信妇人挑拨而伤了骨肉之情，哪里配做一个大丈夫呢？

【智慧解析】

这句话也讲了孝道的问题，这个问题主要是讲父母和妻子之间的事，在家里不要为了夫妻之情而伤了骨肉之情。夫妻之间要相互尊重，相互包容，坦诚相待，不要挑拨双方亲人之间的感情。爱护妻子，孝敬父母才是一个男人应有的担当。

拓展阅读

孝子教妻

古时候文安县有一个居民娶了一个美丽的妻子，但是他的妻子很凶悍，非常嫌恶她的婆婆。每次丈夫回来，她都向丈夫哭诉婆婆怎样虐待她，在背后讲婆婆的坏话。丈夫听了之后也没搭话，有一天拿出一把利刀，对妻子说："你总是说我母亲虐待你，那这样吧，我用这把利刀去把我母亲杀掉，你说好不好？"妻子就说："好！"丈夫又说了："这样吧，你先用一个月时间对咱们的母亲尽孝，让周围的邻居都知道你对婆婆很孝顺，但是婆婆却虐待你，然后我们再把她杀掉，这样大家也都没话好说了。"妻子听了之后满口答应，于是开始对婆婆尽孝。后来的一个月里,妻子真的是晨昏定省,侍奉床前。

过了这一个月,丈夫又拿出刀来,跟妻子说:"咱母亲待你怎么样?"妻子说:"哎呀,其实母亲对我挺好的。"然后又过了一个月,丈夫又问妻子,妻子就说:"现在今非昔比了,婆婆跟我相处得很好,咱们也不要想杀害她的事情了。"这个时候,丈夫把脸一沉,拿着刀指着她说:"你有没有见过世间丈夫杀妻子的?"妻子面如土色地说:"有。"丈夫又问:"你有没有见过儿子杀父母的?"她说:"闻所未闻。"丈夫接着说:"人生以孝养为大,父母之恩,杀身都难报,娶妻子,就是为了帮助我孝养父母,你不但不能够孝养我的母亲,反而要让我去做那种大逆不道的事情,你说你配做别人妻子,配做别人家儿媳吗?"妻子听了之后马上拜倒在地,哭着说:"千万要饶恕我,以后我再也不敢怠慢婆婆了。"

重资财①，薄父母，不成人子。

——【字词注解】

①资财：钱财，财物。

——【精彩解说】

看重钱财，而薄待父母，不是做儿子之道。

——【智慧解析】

中国有句古语："百善孝为先。"意思是说，孝敬父母在各种美德中占第一位。一个人如果都不知道孝敬父母，就很难想象他会热爱祖国和人民。古人说："老吾老，以及人之老；幼吾幼，以及人之幼。"我们不仅要孝敬自己的父母，还应该尊敬别的老人，爱护年幼的孩子，在全社会形成尊老爱幼的淳厚民风。

拓展阅读

为财害母终丧命

湖州南浔镇有一个寡妇，带着自己的儿子生活。她的儿子好赌，而且十赌九输，欠了一身债，要怎么偿还呢？他就来找母亲，要把母亲的衣物拿去典当来还债。母亲不肯，但是儿子苦苦地哀求，甚至威逼，最后母亲没办法，只好同意了，对他说："我这件衣服要先穿到你姐姐家里，然后才能脱下来给你用。"可想而知，他们家多么贫困，多一件衣服都没有。于是儿子就陪着母亲乘舟前往姐姐家，目的是不让母亲跑掉，好把衣服拿过来。快到岸上的时候，母亲因为非常珍惜她的衣服，就想上了岸再脱衣服。结果儿子以为母亲抵赖不肯交出衣服，就跟母亲起了争执。两个人在争衣服的时候，母亲被儿子一把推到了河里。

没多久，儿子急急地赶回家中，跟他的妻子说："你赶快给我准备一口大缸。"他的妻子也不知道出了什么事，给他准备了一口缸。这时候就听到远处隐约的闷雷声，妻子一转身，不见她的丈夫，突然发现那口缸里溢出血水来，她觉得很奇怪，把缸打开来一看，惊恐地发现她的丈夫坐在缸里，已经没有头了，鲜血淋漓。她吓得赶紧去叫邻居来看，结果邻居反倒说，是妻子谋害了丈夫，要去告官府。

告官府也是要乘船的，结果船快到他母亲要下船的那个地方忽然就不动了，好像有一个东西在船底下挡住了。捞起来一看，原来是一具女尸，正是这个不孝子的母亲，而且竟然发现她手里紧紧地抓着她儿子的头。邻居这才知道，原来这个不孝子是上天惩罚的，不是他的妻子谋害的。

动物都不至于杀害自己的父母，杀害母亲的人真的是连豺狼虎豹都不如。心钻在钱眼里头，完全失去了孝心，失去了道义，这个祸根就是"重资财，薄父母"。

朱寿昌弃官寻母

朱寿昌是宋代扬州人，父亲朱巽曾做过京兆守，有妻妾若干。寿昌生母刘氏为主母妒恨，在寿昌七岁时被逼改嫁，于是母子分散，天各一方。此后，寿昌苦读诗书，北宋熙宁元年（1068年）金榜题名，任安徽广德知府。他每每想起生母，夜不能寐，食不知味，终日以泪洗面。他想，连自己的生身母亲都找不见，如何能解民于倒悬，如何为百姓树立忠孝的典范。到任一月余，他向朝廷打报告，不做官了。于是，就有了下边这段故事：

朱寿昌在安徽广德府任上挂冠而去，行走了一年多，风餐露宿，跋山涉水，忍饥挨饿，走州过县，历尽千辛万苦，终于来到秦地同州（今陕西省境内）。

一日，他在同州城内四处打听生母的下落，描述生母的容貌。试想，时隔五十多年，人怎能没有变化。所以，半个多月的时间一无所获。他好不沮丧，坐在一家店铺门前，此时下着蒙蒙细雨，他饥寒交迫，喃喃自语："我朱寿昌命好苦啊！听人说母亲您流落同州，您在什么地方，让儿好找！"有一个卖豆腐的人路过他的身边，无意间听到几句寻母的话。他放下豆腐担子，拍了一下朱寿昌的肩头，说："听你口音不是当地人，你来同州做什么？"朱寿昌便将他弃官寻母，历经坎坷的过程给这人叙说了一遍，这人说："大孝感天地，我经常走村串巷，帮你打听打听，我怎么能再见你呢？"朱寿昌说："我的盘缠早已花完，已是居无定所，身无分文，就在这家店前约见。"

如此数日，仍杳无消息。

一个阳光明媚的上午，卖豆腐的人喜滋滋地告诉朱寿昌："我在城东五里一个村子里见了一位同你口音差不多的七十岁的老婆婆，我把你给我叙说的情况给老人家说了一遍。老人家眼泪一滴一滴往下流，就是不说话。我估摸，八九不离十就是你母亲，咱们赶快走。"

朱寿昌一听，喜出望外，赶忙收拾行李，同卖豆腐的人直奔城东小村。远远的卖豆腐的人就对朱寿昌说："你看，就是依在门口的那位老人。"朱寿昌举目望去，只见一位衣衫褴褛、骨瘦如柴、目光呆滞的老妪依门而立，他仔细观看，印象中母亲的形象依稀浮现在眼前。他上前躬身施礼，询问老人家的年龄、籍贯，知是生母，即下跪行大礼。此时，乡邻听说老人家的儿子不远万里，弃官寻母，纷纷前来围观。朱寿昌仔细地向母亲陈述了他们母子失散后的经历和弃官寻母的经过。老人家扶着朱寿昌左端详右端详，在耳根后找出一颗黑痣，她放声大哭："儿呀，娘日日夜夜都在思念你，你咋才来呀！"朱寿昌母子相拥许久，哭声恸天。乡亲们都为其母子重逢感到欢欣，纷纷上前恭贺，更为朱寿昌弃官寻母的大孝感动，并勒石铭记，遂将原来的村名改为婆婆村，明朝初年更名为"婆合村"，村名沿用至今。

缇萦救父

西汉初年，临淄有个小姑娘名叫淳于缇萦。她的父亲淳于意本来是个读书人，因为喜欢医学，经常给人治病，出了名，后来做了太仓令。但他不愿意跟做官的人来往，也不会拍上司的马屁。没过多久，淳于意辞了职，当起医生来。

有一次，有个商人的妻子生了病，请淳于意医治。那个病人吃了药，病没见好转，过了几天就死了。商人向官府告了淳于意一状，说他错治了病。当地的官吏判他"肉刑"（当时的肉刑有脸上刺字、割去鼻子、砍去左足或右足等形式），要把他押解到长安去受刑。

淳于意有五个女儿，没有儿子。他被押解离开家的时候，望着女儿们叹气，说："唉，可惜我没有儿子，遇到急难，一个有用的也没有。"

其他几个女儿都低着头伤心得直哭，只有最小的女儿缇萦又是悲伤，又是气愤。她想："为什么女儿没有用呢？"

她提出要陪父亲一起到长安去，家里人再三劝阻她也没有用。

缇萦到了长安，托人写了一封奏章，到宫门口递给守门的人。

汉文帝接到奏章，知道上书的是个小姑娘，很重视。那奏章上写着："我叫缇萦，是太仓令淳于意的小女儿。我父亲做官的时候，齐地的人都说他是个清官。这回他犯了罪，被判处肉刑。我不但为父亲难过，也为所有受肉刑的人伤心。一个人砍去脚就成了残疾人，割去了鼻子，不能再安上去，以后就是想改过自新，也没有办法了。我愿被官府没收为奴婢，替父亲赎罪，好让他有个改过自新的机会。"

汉文帝看了奏章，十分同情这个小姑娘，又觉得她说的话有道理，就召集大臣们，对他们说："犯了罪该受罚，这是没有话说的。可是受了罚，也该让他重新做人才是。现在惩办一个犯人，在他脸上刺字或者毁坏他的肢体，这样的刑罚怎么能劝人为善呢。你们商量一个代替肉刑的办法吧！"

大臣们经过商议，修改了原来的刑法，把肉刑改为打板子。原来判砍去脚的，改为打五百板子；原来判割鼻子的，改为打三百板子。于是，汉文帝正式下令废除肉刑。就这样，缇萦使她的父亲免于肉刑。

嫁女择佳婿，毋索重聘。娶媳求淑女，毋计厚奁①。

【字词注解】

①奁：古代妇女梳妆用的镜匣和盛其他化妆品的器皿，这里代指陪嫁的东西等。

【精彩解说】

嫁女儿要选择品德好的女婿，不要索要贵重的聘礼。娶儿媳要娶端庄的淑女，不要计较厚重的陪嫁。

【智慧解析】

嫁女娶妇要看对方的人品和才能，不能看重对方的钱财。婚姻是儿女的终身大事，不可草率。这句话告诉我们在嫁娶的时候不要贪对方的钱财，只要对方品质好，其他的都不重要。

拓展阅读

诸葛亮娶丑女

诸葛亮（181—234年）年轻时在襄阳（今湖北襄阳）隆中躬耕读书，他满腹经纶，胸罗锦绣，名声越来越响，人们称他为"卧龙"，认定他"绝非池中之物"。

诸葛亮二十五岁时还未成家，与当地的风俗显得有些格格不入。他的父母早已去世，哥哥诸葛瑾远在东吴做官，姐姐诸葛惠远嫁到南彰，家中只剩下他和弟弟诸葛均。他既然已当家，婚姻大事完全由自己做主，可他为什么还没娶亲呢？

本来以诸葛亮的条件，成为名门世家的乘龙快婿也不难，更有热心的师友、好事的媒婆来给他牵线，撮合的女子不乏大家闺秀，也不缺绝色美人，但诸葛亮一个也看不上。在他的心目中，他要找的妻子必须是智慧不凡、慎行稳重，能够在他未来的生活和事业发展上提供强有力的帮助的女子，一般的女子哪能吸引他？

忽然，有一个消息传进了他的耳朵。据说在汉水附近的沔南，有一个名叫黄月英的女子，公开宣扬说："小女活在这个世上，除了襄阳隆中的诸葛亮，我任谁也不嫁！"这话传得四乡的人们都知道了。诸葛亮向别人一打听，才晓得那个女子竟就是名士黄承彦的女儿！黄承彦具有惊世骇俗的学问，道德文章冠绝一时，想必他的女儿也聪颖过人。

诸葛亮不由得动了心。不过，有去过沔南的朋友告诉他，那个黄月英，人是很聪明，熟读史书，博学多才，也很贤淑，言行得体，持家有方，尤以善良而远近闻名，但她小名叫阿丑，人如其名，身材壮硕，长得一点儿也不漂亮……诸葛亮只在乎对方的品行，"不漂亮"几个字根本就没往心里去。"人好就好，漂不漂亮有什么关系？"他这样回答朋友。

诸葛亮决定亲自去考察一番，这个扬言非他不嫁的女子到底是何许人？他不带任何随从，只带一把佩剑，悄悄地前往沔南，寻到黄家。他假报了一个姓名，对老门公说："小生名叫梁舸株，有事求见黄承彦老先生。"

老门公上下打量了他一番，这才躬身说："请客人稍候，老奴先去禀告主人。"

可是等了老半天，并不见老门公再次出来，也没其他人露面。诸葛亮等得不耐烦，便观览周围的环境：竹树成林，小路通幽，几间屋子并不堂皇，却也井然有序，曲径回廊。他不禁走进门去。

突然，堂屋两廊间蹿出两只猛犬，冲向诸葛亮。诸葛亮虽然吃了一惊，却毫不慌乱，拔剑防备。就在猛犬将要扑到他身上时，从里厢闻声而出的一个丫鬟追来，飞快地上前用手拍猛犬的额头，霎时两只猛犬就停止了扑跃之势。那丫鬟把它们的耳朵拧一下，两只凶猛的猎犬竟然乖乖地退到廊下蹲了下来。诸葛亮仔细一看，原来两只猛犬都是木头做的，不禁哈哈大笑。

这时从里头走出一个须眉皆白的老者，迎上前来，哈哈一笑说："客人可是襄阳隆中的诸葛孔明先生？"

诸葛亮暗暗诧异：对方何以认得自己？

对方施礼说："这就是了。不否认即承认，果然是诸葛先生。老夫黄承彦。"

诸葛亮连忙还礼，看着那两只"猛犬"，赞叹说："贵府的木犬制作得真是神奇！"

黄承彦摇头说："木犬是小女没事时闹着玩的，不想却让你受惊了，真是抱歉得很啊！"

主人将诸葛亮请进了客厅。诸葛亮环顾四周，见壁上一幅曹大家宫苑授书图，画得逼真而有气派，连连点头称赞。黄承彦解释说："这画是小女信笔涂鸦，让你见笑了。"诸葛亮心里更加震惊：想不到一个女子竟有如此造诣！

"我女儿呀，就是喜欢琴棋书画、莳花弄草。你瞧，"黄承彦又指着窗外如锦的繁花说，"那些花花草草都是小女一手栽培、护理的。哎，只顾说话了，请坐！"

双方落座后，诸葛亮看到室内布置得整洁雅致，书架上摆满了典籍，矮案端放着古琴，木桌上排列着文房四宝，小几上铺开着未下完的围棋……他将目光投向黄承彦，纳闷地问道："老先生，我们素昧平生，您刚才怎么就认得是小生呢？"

黄承彦摇了摇头，说道："并不是我认出来的。"

"那么……"

黄承彦一只手向后指了指，说："是小女猜出来的。"

诸葛亮更奇怪了："我跟令爱也从未谋面呀！"

黄承彦说："她断定，她说'非你莫嫁'的话传开去，一定会把你引来的。这些天，她交代看门的老仆，一定要特别关注二十来岁的访客。刚才老仆说出你的名字，她就知道是你了——'梁甫株'不正是'诸葛亮'的倒读吗？她就叫老仆不要再出去，让你排闼直入。两只'猛犬'都吓不了的书生，也只有诸葛亮啊！"说到这里，他又哈哈大笑起来。

原来是这样。对如此聪明的女子，诸葛亮的心怦然大动，更想快点见到她了。但她为何不露面呢？

黄承彦似乎看穿了他的心思，说道："她正在后头厨房里，特地亲手为你烹茶哩！"

正在这时，黄月英手端盛着茶壶、茶杯的托盘，步步莲花地姗姗而至。诸葛亮连忙站起身来见礼，好像没看到她壮硕的身躯，也没看见她的黄头发、黑皮肤，只看到了她清澈的双眼、落落大方的举止。看到这对青年男女一见钟情，可乐坏了旁边的黄承彦，他捋着胡须微微一笑。

不久，诸葛亮就把黄月英娶回了家。他的邻居们以貌取人，讥讽道："孔明娶了个丑媳妇。"他们哪里知道，诸葛亮正庆幸自己娶到了一位贤淑能干的媳妇呢。

黄月英嫁到诸葛亮家后，种地做饭，里里外外的粗活儿与琐事，都处理得妥妥帖帖。诸葛亮自然是身受其惠，再无后顾之忧。

从此，这对夫妻情感亲密，世上恐怕无人可比。黄月英成了诸葛亮的贤内助，在生活和事业上都给了他很大的支持。《三国演义》

描写诸葛亮六出祁山、七擒孟获，威震中原，都有黄月英的贡献。诸葛亮发明了一种新的运输工具——"木牛流马"，解决了几十万大军的粮草运输问题；又改进了连弩这种新式武器，克敌制胜，魏国大将张郃就死在这种武器之下；为避瘴气而发明了"诸葛行军散""卧龙丹"等——实际上这些都有黄月英的贡献。

马皇后母仪天下

明太祖朱元璋的结发妻子马秀英（1332—1382年），宿州（今安徽宿州）人，天生一双大脚，人称"马大脚"，她被封为皇后后，就被称为"大脚皇后"。她的脾性很好，即使听到有人称她大脚皇后，她也不生气，还会笑着说："这有什么不好，大脚好走路嘛！"

马大脚的贤良淑德是出了名的。她原是个孤女，父母去世后由郭子兴收养，后来郭子兴成为抗元起义军的首领，她就跟随义父征战。当时军中的部将朱元璋作战英勇、才能出众，郭子兴就让养女嫁给了他。秀英成亲后，与朱元璋长期患难与共。军中缺乏粮食，秀英就自己省吃俭用，尽量把食物留给丈夫，以致自己常饿肚子。有一次，气度狭小、性情暴躁的郭子兴受到别人挑拨，把朱元璋关了起来，不给饮食，她偷拿刚出炉的热饼，揣在怀里给丈夫送去，以致胸脯都被烫伤了。这些事情都让朱元璋铭感五内，日后常向大臣讲述。郭子兴死后，朱元璋成为元帅，她则是贤内助，不仅细心照顾丈夫，还亲自为将士缝衣做鞋。在陈友谅的军队围困城池、人心慌乱的紧急时刻，秀英镇定自若，亲临城头犒赏将士，稳定了军心，为军队打胜仗起了重要作用。总之，在朱元璋平定天下的岁月里，马大脚做出了很大的贡献。

正因如此，朱元璋称帝以后，为了回报妻子的恩德，表达对她的歉意，将马氏立为皇后。

有一天，朱元璋进入后宫，发现皇后正在垂泪。朱元璋连忙问她发生了什么事，马氏说想起了早逝的父母而伤心。朱元璋似乎猛然想起什么事，问道："皇后娘家还有什么亲人？朕要封他官爵，以慰你父母在天之灵！"马皇后却摇头说："陛下不必如此。臣妾听说过，爵禄私及外戚是不合法度的，甚至会扰乱朝政。何况妾家亲属未必有可用之材，一旦骄纵而不守法度，其后果不堪设想。前朝外戚乱政的事例，难道还少吗？"说得朱元璋连连点头称是。

往后，朱元璋多次提及要封赏马家亲属的事，马皇后都拒绝了。朱元璋觉得很亏欠她，只好用虚衔封赐马氏的亡父为徐王，亡母为夫人，在其老家宿州立祠祭祀。

朱元璋性情暴烈残忍，为了保住朱家子孙的帝位，不断寻找借口，大肆屠戮功臣宿将。对此，马皇后利用自己对丈夫的影响力，总是婉言规劝，甚至垂泪恳求，使朱元璋的行为多少有所节制和收敛。

有人禀报说，和州知州郭景祥的独子意图杀害父亲。朱元璋听后勃然大怒，准备下旨以忤逆罪将郭景祥的儿子处决。马皇后得知这个消息后，认为这是传闻之词，不一定确凿。朱元璋一调查，果然不是事实。如果不是马皇后的劝说，郭家就要家破人亡了。

洪武十三年（1380年），著名的文学家、知制诰宋濂因其长孙宋慎陷入胡惟庸的叛党案而获罪，朱元璋要处宋濂以极刑。宋濂曾被朱元璋称为明朝"开国文臣之首"，又是太子的师傅，已经告老还乡，本与胡党毫无牵涉，但朱元璋存心肃清胡党，不惜波及无辜。眼看宋濂就要遭殃，马皇后闻讯后立即出面救人。她对朱元璋说："老百姓请一位先生，还知道终生不忘师恩；陛下请宋先生为太子的老师，怎么过了河就拆桥？再说他早已致仕回籍，京中的事情必定不知道。请陛下慎重，可不要错杀了好人！"但是，朱元璋认定胡党是心腹大患，不肯放过宋濂。一次，马皇后陪朱元璋吃饭，她故意不吃也不喝，只是呆呆地坐着。朱元璋很奇怪，问她是不是病了。马皇后说："既然宋先生将要获咎，我就该绝食为他祈福。"朱元璋见她这副模样，不禁动了恻隐之心，饭也不吃了，次日就下旨赦免了宋濂的死罪。

马皇后还经常提醒、劝诫朱元璋说："骄纵生于奢侈，危亡源于逸豫。"她虽贵为国母，却依然保持着过去俭朴的生活习惯，平日只穿旧衣服，破了也不忍丢弃。她命宫女动手织布做被子，赠给年老孤寡之人，剩下有瑕疵之布，则做成衣服，赐给众王妃及公主，目的是使她们知悉农桑的艰难。每当遇有灾荒歉收的年景，她就带领宫中人等节食，吃粗劣的饭菜，同时开仓赈济灾民。

一次，马皇后问朱元璋："如今天下百姓安定了吗？"朱元璋答："这不是皇后应该过问的事。"她反驳说："陛下是天下百姓的父亲，臣妾是天下百姓的母亲，母亲问子女安康与否，这怎么是不该问的事呢？"朱元璋无言以对。

马皇后关心百姓的生活。其时太学刚建成，她问朱元璋有多少学生，朱元璋回答说有几千名，不少太学生携带眷属在京，他们没有薪俸，无法养家。马皇后就建议朝廷按月发给口粮。朱元璋接受了她的建议，专门设立"红板仓"，存储粮食，发给太学生。此后，"月粮"成为明朝学堂的一项制度。

马皇后对子女仁爱，勉励他们读书习字，要求他们生活简朴。子女中有比穿衣、用物的，她就耐心地加以教诲，又把用旧料做成的被褥送给他们，并解释说："你们生长在帝王家，不知纺织的难处，更不知贫家生活的艰辛。你们就用这些旧被褥吧，也可体验一下财物来之不易！"她对待养子如同亲生的孩子，而且始终如一。

马皇后为人和善，多年来一直如此，在宫里有口皆碑。即使到了生命的最后时刻，她还在为他人着想。洪武十五年（1382年），她得了重病，朱元璋派太医诊治，但马皇后自知不治，坚决不肯服药。朱元璋要她吃药，她说："如果我吃药无效，陛下您会杀死那些太医的。那不等于我害死了他们吗？"朱元璋希望她能治愈，就说："你放心吧！你先吃药，即使治不好，朕也不会怪罪太医的。"马皇后艰难地摇了摇头，说到底她还是信不过这个性情暴虐的丈夫。因此她还是坚持不吃药，直到去世。旁边的太医、宫女们哭成了一片。

黄帝的贤内助

嫫母生活在距今五千多年前，是中华民族始祖黄帝的次妃。相传，嫫母形同夜叉，丑陋无比，汉代王子渊《四子讲德论》中云："嫫母倭傀，善誉者不能掩其丑。"黄帝是上古时轩辕氏的称号，本姓公孙，后改姬姓，因为居住在轩辕之丘，故名轩辕。他长得龙眉凤目，虎背熊腰，狩猎打仗都很勇敢，战胜炎帝于阪泉，打败蚩尤于涿鹿，平息了连年战乱，统一了三大部落，被奉为中华民族的共同始祖。那时，无论从长相、本领、身份、地位哪个方面说，黄帝要娶什么样的女子都是可以的，那么他怎么会选中了如此丑陋的嫫母呢？不为别的，就因为嫫母贤惠。

黄帝先前已经娶了三个妻子，分别是嫘祖、方雷氏、肜鱼氏。当他听说部落里最贤德、最温柔、最能干的姑娘是嫫母，就毅然决定娶她为自己的第四位妻室。迎娶她的那天夜里，黄帝骑着高头大马，冲进她家的巢居，将她"抢"到自己怀中，后头无数火把在"狂追"，欢呼声、喊叫声像打雷一样。次日，黄帝就封嫫母为次妃，他还得意地对臣属们说："重美貌不重德者，非真美也；重德轻色者，才是真贤！"

嫫母嫁给黄帝以后，果然不负黄帝厚望，德行优秀，富有智慧，成为当时女人们的楷模。她不但对其他女人实施教化，还带领她们制作衣冠，教会她们梳妆打扮。那时，先民们早已习惯衣衫破烂、蓬头垢面，与乞丐也差不到哪去。经过嫘母的指点和教导，人们学会了面对着一盆清水或者蹲在平静的河边洗漱、整理仪容，她把这叫作"鉴于水"。人们一个个变得面貌一新，黄帝看着就心情好。

嫘母具有非凡的智慧，相传人类使用的第一面镜子就是她发明的。那时，嫘母教会人们"鉴于水"，但奇怪的是，谁也没见过她到河边"鉴于水"。人们都很纳闷，有人猜她肯定是因为自己长得丑，才不愿"鉴于水"。

有一次，嫘母帮助肜鱼氏在石板上烧肉，因火力过大，石板被烧炸了，迸起的石片划破了嫘母的脸，血流不止。嫘母赶忙回到屋里，拿出藏在席子底下的一块儿薄而发亮的小石板，照着自己的脸敷草药。黄帝不知什么时候走了进来，轻手轻脚地走到她身后，探头一看，就发现了那块能照见人脸的小石板。嫘母一惊，想把石板藏起来已经来不及了。

"这是什么东西？"黄帝奇怪地问，"给我看看！"

嫘母脸上飞起红云，只好把石板递给黄帝，并说出了它的来历。原来，前不久嫘母与肜鱼氏一起上山挖石板垒灶，她力气大，不到半天就挖了二十多块，比肜鱼氏多挖了一倍还多，垒灶是绰绰有余了。当时正当中午，烈日照在石板上，特别刺眼。她忽然发现，有一块小石板照见了她丑陋的脸。于是她把小石板藏在身上，带了回来。后来，她把小石板洗净，又找来磨石磨平，用来照人，发现影像更清晰了。自此，她每天自然不必去"鉴于水"，只要对着小石板就能打扮自己了。

"这比到河边'鉴于水'省事多了！"黄帝称许地说。

听到夫君的赞赏，嫘母也高兴起来，就拉着黄帝到磨工房去。黄帝一看，角落里叠着许多磨亮了的小石板，都是用垒灶剩下的石块裁出来的。他这才明白,嫘母时常钻到磨工房原来是在悄悄地干这个!

嫫母说:"我准备把这些送给其他姐妹们,让她们都用它们来梳妆打扮。"

黄帝不禁连声说好。"依我看,就叫它'鉴子'吧!"他立刻叫来嫘祖氏、方雷氏、肜鱼氏,说:"你们看看,嫫母做的'鉴子'!"

三个后妃对嫫母都称赞不已。宫内外的女人得到"鉴子",都喜笑颜开。

"鉴子"就是后来的镜子。古书《物原》上说:"轩辕作镜。"古籍上也说:"帝会王母,铸镜十二,随月用之。"其实,它是嫫母发明的。

嫫母貌丑却善良,贤淑而聪慧,成了黄帝很得力的贤内助。嫘祖去世以后,黄帝就立她为正妻。

见富贵而生谄①容者，最可耻。

【字词注解】

①谄：奉承，巴结。

【精彩解说】

看见富贵的人就生出谄媚逢迎之心的人，是最可耻的。

【智慧解析】

君子要庄重，不可见到富人就表现出一副谄媚的模样，这样的人最可耻。这句话告诉我们做人要正派，不可巴结权贵，丧失尊严。

拓展阅读

不为五斗米折腰

陶渊明是中国古代著名的文学家，他不仅诗文非常有名，其蔑视功名富贵，不肯趋炎附势的气节也同样很有名。

陶渊明大约生于公元365年，是中国最早的田园诗人。陶渊明生活的时代，朝代更迭，社会动荡，人民生活非常困苦。公元405年秋天，陶渊明为了养家糊口，来到离家乡不远的彭泽当县令。这年冬天，他的上司派一名官员前来视察，这位官员粗俗而又傲慢，他一到彭泽县的地界，就派人叫县令来拜见他。

陶渊明得到消息，虽然心里对这种假借上司名义发号施令的人很瞧不起，但也只得马上动身。

不料他的小厮拦住陶渊明说："拜见这位官员要十分注意小

节,要穿戴整齐,态度要谦恭,不然的话,他会在上司面前说你的坏话。"

一向正直清高的陶渊明再也忍不住了,他长叹一声说:"我宁肯饿死,也不能因为五斗米的官饷,向这样差劲的人折腰。"他马上写了一封辞职信,离开了只当了八十多天的县令职位,从此再也没有做过官。

从官场退隐后的陶渊明,在自己的家乡开荒种田,过起了自给自足的田园生活。在田园生活中,他找到了自己的归宿,写下了许多优美的田园诗歌。他写农家生活的悠然自得:"暧暧远人村,依依墟里烟";他写自己劳动的场面:"采菊东篱下,悠然见南山";他也写农人劳作的甘苦:"种豆南山下,草盛豆苗稀""不言春作苦,常恐负所怀"。

然而,田园生活既是美好的,也是十分艰辛的,不劳作就没有收获,遇到天灾人祸,即使劳作也一无所获。晚年的陶渊明生活贫困,特别是一场大火把他的全部家当毁于一旦之后,全家人的生活更是雪上加霜。六十三岁时,陶渊明在贫病交加中去世。

陶渊明最大的成就在于,他以自己的亲身体验为基础,以自己卓越的诗歌才华,极大地丰富了农事和田园题材的诗歌创作。以前诗中罕见的桑、麻、鸡、狗等平凡事物,一经他写入诗中,无不生趣盎然,而他描写大自然的亲切,常常能激起人们对田园生活的无限向往。

除诗之外,他还给后人留下了不少精美的散文,其中最著名的是《桃花源诗并记》。在这篇作品中,作者描绘了一个乌托邦式的空想社会,那里没有动乱,没有朝代更替,没有国家君臣,没有徭役赋税,百姓过着丰衣足食、与世无争的美好生活。作者优美的语言,使这篇作品产生了巨大的魅力,以至后世人们一直把这种空想的社会称为"桃花源"。

官场中少了一位官僚,文坛上多了一位文学家。陶渊明"不为五斗米折腰"的故事,成为中国知识分子刚直不阿、不附势趋炎的写照。在日常生活中,如果一个人不愿意牺牲自己的气节去换取某种物质利益,也常常用"不为五斗米折腰"来赞誉。

海瑞刚烈不畏死

在中国历史上,被称为"青天大老爷"的好官很多,最有名气的有两位,一位是宋朝的包拯,一位是明朝的海瑞。

海瑞(1514—1587年),字汝贤,自号刚峰,琼山(今海南海口)人。他的父亲很早就去世了,母亲含辛茹苦地抚养海瑞长大,省吃俭用供他读书。海瑞也没有辜负母亲的期望,刻苦攻读诗书经传,博学多才,二十岁就考取了举人,初任福建南平教谕,后升任浙江淳安和江西兴国知县。

海瑞因为从小就吃过不少苦,所以深知民间的疾苦,懂得爱护老百姓。他推行清明的政策,屡次平反冤假错案,打击贪官污吏,深得民心。他为人刚直不阿,从来不屈服于权贵。对那些欺压百姓、鱼肉乡里的豪强,只要他们犯了法,他就秉公办事,从来不给面子,被百姓们称为"海青天"。

有一次,大臣胡宗宪的儿子来到了海瑞管理的小县城,海瑞吩咐按照普通客人接待,把他安排在官驿里,就不理会了。这位胡公子平时养尊处优,处处受人巴结、奉承,没有受到过这样的招待,所以当时就火了,把驿站的一个小吏吊起来鞭打。

海瑞得知情况后,当即带了差役把胡公子拿下,带回县衙审讯。胡公子仗着其父亲的官势,暴跳如雷,说:"你们竟敢这样对待我,你们可知道我父亲是当朝一品大臣胡宗宪?!"

海瑞故意大声呵斥他说:"胡大人是个清廉正直的大臣,怎么可能有你这样骄横无理、给父亲丢脸的花花公子?你肯定是冒充的!"于是狠狠教训了他一顿,把他招摇撞骗得来的钱财全部充了公,并把他赶出了县境。然后,海瑞起草了一份报告送到省巡抚,说有人冒充胡大人的公子,非法鞭打小吏,被他狠狠教训一顿,赶走了。胡宗宪得知消息后,虽然知道儿子吃了大亏,但是又怕事情传扬开对自己不利,而且找不到海瑞的把柄,只好打落门牙往肚子里咽了。

后来,海瑞被召入朝廷做了官,但他丝毫没有改变刚直无私的性格。当时嘉靖皇帝生活奢华,信奉道教,在宫中与一帮道士炼丹药,长时间不理朝政,搞得朝政越来越腐败,百姓怨声载道。海瑞实在看不下去,就以六品小官的身份写了一道言辞激烈的奏章,在奏章中狠狠地批评了皇帝,这便是有名的《直言天下第一事疏》,后人称为《治安疏》。他自知自己的奏章会触怒皇帝,抱着必死决心毅然上疏,还叫管家准备一副棺材,让四个家人抬着,一起上朝去。

第二天,皇帝看了海瑞的奏章,龙颜大怒:"好你个胆大包天的海瑞!竟然敢指责朕的过失!传令快去把海瑞捉来,别让那疯子逃掉了!"

旁边的太监连忙说:"海瑞这个人是出了名的书呆子,他早知道触犯了陛下活不成,把棺材都抬到朝中来了。我看他是不会逃走的。"

"海瑞真的不怕死?他想学商朝的比干挖心死谏吗?可我不是商纣王!"于是他下令把海瑞打入大牢。

嘉靖皇帝一直没有杀海瑞,海瑞在监牢里也始终没改变他那倔强的脾气。直到嘉靖皇帝死后,即位的新帝在内阁首辅徐阶的劝说之下,才赦免他,让他官复原职,并逐步升至应天府巡抚等职。

为了匡正时弊,严肃法纪,海瑞主持制定了贪污满八十贯(千)

绞等严刑。他铁面无私，对一直有恩于他的内阁首辅徐阶也毫不留情，将徐家仗势多占的四十万亩良田退还原主，将欺压良民的徐阶的两个儿子及二十多个家人依律问罪。

海瑞历经正德、嘉靖、隆庆、万历四朝，多次冒死进谏，一生居官清廉，刚直不阿，深得民众的尊敬与爱戴。当听到他在南京任上病故的噩耗时，当地的百姓如失亲人，悲痛万分。他的灵柩从南京水路运回故乡的路上，长江两岸站满了送行的人群。很多百姓甚至制作他的遗像，供在家里。关于"海青天"的故事，也被百姓广为传诵。

强项令董宣

董宣，字少平，陈留圉（今河南杞县）人，在东汉初期曾任北海相、江夏太守、洛阳令等职。他是一个执法严格的官员，不畏强暴，敢于惩治横行不法的豪族。

汉光武帝刘秀建立了东汉王朝以后，采取休养生息、减轻捐税、减少差役等政策，使经济得到了恢复和发展。但当时的法令管得了老百姓，却往往管不了皇亲国戚。有一次，光武帝的姐姐湖阳公主家中的一个奴仆仗势杀了人，躲在公主府里不出来。时任洛阳令的董宣不能进入公主府去搜查，就天天派人在公主府门口悄悄地守着。

过了一段日子，湖阳公主以为没事了。有一天，她坐着车马外出，跟随她的正是那个杀了人的凶奴。董宣得到了消息，就亲自带领衙役飞快赶来，拦住湖阳公主的车，当面指责公主不该放纵家奴犯法杀人。湖阳公主哪里会把一个小小的县令放在眼里。此时那个凶奴尽管有点儿惊慌，但有公主的庇护，便显出一副有恃无恐的样子。董宣不顾公主的阻挠，大声呵斥衙役上前抓住那个凶奴。凶奴拼命地挣扎着，狂呼公主救命。董宣很清楚地知道，一旦让公主把家奴带走，往后就很难用法律惩戒他了，于是下令当场处决了凶手。

这件事差点儿没把湖阳公主气昏过去。她立即驱车赶到宫里，向光武帝哭诉董宣怎样欺负她。光武帝听了，龙颜大怒，立刻叫董宣进宫，吩咐内侍当着湖阳公主的面，责打董宣，替公主消气，挽回面子。

董宣昂着头说："先别打，让我说完了话，我情愿死！"

光武帝怒气冲冲地说："你还有什么话可说？"

董宣也生气地说："皇上您很圣明，复兴了汉朝。现在国家正在恢复和发展，陛下应该注重法令。现在陛下让公主放纵奴仆杀人，那以后还怎么治理天下？我不用您打，我自杀就是了！"说完，他一头向柱子撞去，光武帝忙叫人拉住他，可董宣已经撞得头破血流了。

董宣说得有理，光武帝知道了事情的真相，也觉得不该打他，就要董宣给公主磕个头赔罪。董宣宁愿自己的头被砍下来，也不愿向公主赔罪。内侍们把他的脑袋用力往下按，董宣就用两手使劲儿撑住地面，挺着脖子，涨得脸红青筋现，就是不肯低头。

内侍们知道光武帝并不想治董宣的罪，于是大声说："陛下，董宣的脖子太硬，按不下去！"

光武帝觉得又好气又好笑，只好说："把这个硬脖子给我赶出去！"

湖阳公主见光武帝放了董宣，气坏了，说："弟弟以前做平民时，收留过逃亡的人，官吏尚且不敢上咱们家来搜查。现在做了皇帝，怎么反而怕一个小小的洛阳令呢？"

光武帝说："正因为我现在是天子，就不能再像做平民时那么干了。"

结果，光武帝不但没治董宣的罪，反而赏给他三十万钱，奖励他执法严明，又给他加了个"强项令"的称号，意思是脖子刚强、不肯低头的县令。后来，董宣继续打击不法的权贵，京师的豪族贵戚没有不怕他的,都称他是一只"卧虎"。

董宣死后,刘秀派人去他家里,见董宣家里很贫穷,竟没有钱买棺材埋葬,原来董宣还是个清廉的官吏。刘秀知道了,非常难过。

李白蔑视权贵

唐玄宗六十一岁那年,宠爱上了年轻的杨贵妃。据说,杨贵妃是个少见的美人,而且生得聪明伶俐,懂得音乐。唐玄宗把她的两个哥哥都封了官,三个姐姐都封为夫人。杨贵妃有个堂兄弟杨国忠,在蜀中穷得过不了日子,听到他堂妹封了贵妃,就带礼物到长安找杨贵妃。杨贵妃在唐玄宗面前说了几句好话,杨国忠就当上了禁卫军参军。

唐玄宗早把政事交给了李林甫,有了杨贵妃以后,他更是经常留在宫里寻欢作乐,连每天例行的早朝也懒得上了。杨贵妃想要什么,他就想方设法给她办到。杨贵妃爱吃新鲜的荔枝,荔枝是南方出产的果品,长安在西北,并不出产荔枝。唐玄宗为了讨杨贵妃的欢喜,下命令叫岭南官员派人骑着快马赶送,像接力棒一样,一站一站把荔枝运到长安。荔枝到杨贵妃手里的时候,还很新鲜,味道没变。

唐玄宗和杨贵妃每天饮酒作乐,少不了叫人奏乐唱歌,但是宫里原来的一些老歌词都听腻了,他想找人来给他填新歌词。

有一个叫贺知章的官员在唐玄宗面前说,长安新来了一个大诗人,名叫李白,是个天才,无论作诗写文章,都十分出色。唐玄宗也早就听到过李白的名声,就吩咐贺知章赶快通知李白进宫。

李白,字太白,是唐代最著名的诗人之一。他从小博览群书,性格豪放,除读书之外,还练得一手好剑。李白二十多岁起,为了增长见识,到各地游历。他不仅到过长安、洛阳、金陵、江都等许多大城市,还游览过洞庭、庐山、会稽等名山大川。他见识广博,加上才智过人，因此，他在诗歌写作上有了杰出的成就。

李白是个有政治抱负的人，他生性高傲，对当时官场上的腐朽风气很不满意，希望得到朝廷任用，让他有机会施展政治上的才干。这次到长安来，听到唐玄宗召见他，他很高兴。

唐玄宗在宫殿上接见了李白，和他谈了一阵，觉得他的确很有才华。

唐玄宗叫李白当了翰林供奉，这是个没什么实权的官。所以，李白辅助皇上治理国家的理想仍然不能实现。

当时，朝廷大权把持在宰相李林甫和宦官高力士等人手里。一些想升官发财的人，都变着法儿巴结他们。李白却打心眼儿里蔑视他们。

这天，李白心中烦闷，来到酒楼喝酒，喝得七八分醉了，忽然，宫中的梨园长（歌舞班子的负责人）李龟年跑进来说："李学士，皇上召你立刻进宫！"

原来，唐玄宗同杨贵妃在宫中的沉香亭里观赏牡丹花，叫李龟年率领一群梨园子弟唱歌助兴。他们唱的是老词，唐玄宗听腻了，想起李白会作诗，就派人来叫他去写新歌词。李白听了，满不在乎地说："几首歌词算什么！来，喝几杯再去！"

"不行不行！皇上和贵妃娘娘已经等候半天了！"李龟年急得满脸通红。

"皇上？我……我李白可是酒中仙人哪，我……我酒还没喝够呢！哈哈哈……"李白大笑着说。

李龟年看李白醉了，不由分说，命令同来的人架起李白就往外走。来到沉香亭，李白酒还没醒。唐玄宗见李白这个样子，倒也没怪罪他，让人给李白喝了醒酒汤，扶他躺在了床上。

据说这时候，李白已经清醒了。他见高力士正在身边，想起他平时作威作福的样子,有意要杀杀他的威风。

"脱靴!"李白装作醉醺醺的神态,突然把脚朝高力士一伸。

高力士一听,差点儿气歪了鼻子,正要发火,看见皇帝朝自己连连递眼色,只得忍气吞声地替李白脱下了靴子。

过了一会儿,李白爬起身来,向唐玄宗行礼请罪。唐玄宗没有生气,只是叫李白马上写出三段《清平调》的新歌词来。

李白想了一会儿,很快就写好了。李龟年谱上曲,演唱起来。唐玄宗亲自在一旁吹笛子伴奏。杨贵妃陶醉在悠扬动听的乐曲声中,高兴得眉飞色舞。从此,唐玄宗更加器重李白了。

可是,一帮权贵却恨死了李白。他们造谣诽谤,故意中伤李白。高力士还挑唆杨贵妃在唐玄宗跟前说李白的坏话。唐玄宗听信了他们的话,渐渐疏远了李白。

李白目睹朝廷如此腐败,也不愿在这儿再待下去,就上了一份奏章,请求辞去翰林供奉的职务。唐玄宗立刻批准了。李白身穿锦袍,骑着五花马,一会儿高声歌唱,一会儿纵情大笑,出了长安城门。

后来,李白在很多诗里都抒发了他宁愿过穷困的生活,也不愿去巴结权贵的志气,如"安能摧眉折腰事权贵,使我不得开心颜!"

原文

遇贫穷而作骄态者，贱莫甚①。

【字词注解】

①贱莫甚：没有比这更卑贱的了。

【精彩解说】

遇到贫穷的人故意做出不可一世的样子的人，是最卑贱的。

【智慧解析】

对贫穷的人要有怜悯之心，态度要谦和，即使帮助他们也不能以高高在上的姿态。轻贱别人也是轻贱自己，特别是对穷人，更应有仁爱平等之心。尊重别人就是尊重自己，这样自己才能长享福寿。这句话主要是告诫我们对待穷苦之人应放下傲慢之心，谦虚对人，才能受人尊敬。

拓展阅读

一饭千金

韩信少年丧父，家境贫困，在淮阴城过着游荡的生活。有个亭长与他有过来往，他便常常到这个亭长家里求食。看到他来吃饭，亭长的妻子很不高兴，有一次，故意提前烧了饭吃。韩信待了好长时间不见亭长家吃饭，知道遭人厌嫌，便愤然离去。

为了维持生计，韩信常常独自到淮阴城下的河边钓鱼，钓不到鱼就只好挨饿，日子过得非常艰难。

有几个老婆婆经常在河边漂洗丝绵。日子久了，其中有个老婆婆看出韩信的落魄处境，产生了同情之心。一次，她把自己的午饭分一半给韩信吃。韩信饥肠辘辘，狼吞虎咽地吃了下去。此后一连几十天都是如此。

韩信很感激老婆婆，表示以后要重重报答她。

老婆婆说："我见你相貌堂堂，好像一位王孙公子，不忍你挨饿，才给你饭吃，哪里是图你报答！"

后来韩信得到刘邦的重用，被拜为大将。一次，韩信来到楚地下邳，想起当年老婆婆的恩惠，便派人把她从淮阴请来，当面向她致谢，并赠给她一千金作为报答。接着又派人把那个亭长找来，只赏给他一百个小钱，并说："你是个小人，没将好事做到底。"

真心诚意助人的人，是永远不会想让人报答他的，最难能可贵的是在自己也十分困难的情形下，出于友爱、同情去帮助别人，这样的帮助，在别人看来，"一饭"是值得"千金"的。

嗟来之食

战国时期，各诸侯国互相征战，老百姓不得太平，如果再加上天灾，老百姓就没法活了。这一年，齐国大旱，一连三个月没下雨，田地干裂，庄稼全死了，穷人吃完了树叶吃树皮，吃完了草苗吃草根，眼看着一个个都要饿死了，可是富人家里的粮仓却堆得满满的。

有一个富人名叫黔敖，看着穷人一个个饿得东倒西歪，他反而幸灾乐祸。他想拿出点粮食给灾民们吃，并摆出一副救世主的架子。他把做好的窝窝头摆在路边，每当过来一个饥民，黔敖便丢过去一个窝窝头，并且傲慢地叫着："叫花子，给你吃吧！"有时候，过来一群人，黔敖便丢出去好几个窝窝头让饥民们互相争抢，他在一旁嘲笑地看着他们，十分开心，觉得自己是个活菩萨。

这时，有一个瘦骨嶙峋的饥民走过来，只见他满头乱蓬蓬的头发，衣衫褴褛，将一双破烂不堪的鞋子用草绳绑在脚上，他一边用破旧的衣袖遮住面孔，一边摇摇晃晃地迈着步。

黔敖看见这个饥民的模样，便拿了两个窝窝头，还盛了一碗汤，对着这个饥民大声吆喝："喂，过来吃！"饥民像没听见似的，没有理他。黔敖又叫道："嗟（jiē），听到没有？给你吃的！"只见那个饥民突然精神振作起来，瞪大双眼看着黔敖说："收起你的东西吧，我宁愿饿死也不愿吃嗟来之食！"

黔敖万万没料到，饿得摇摇晃晃的饥民竟还保持着自己的人格尊严，顿时满面羞惭，一时说不出话来。

救济、帮助别人要保持平等的心态，而不应以救世主自居。对于善意的帮助是可以接受的；但是，面对"嗟来之食"，可以断然拒绝，以鄙视这种带侮辱性质的施舍。

一饭之恩

赵盾是春秋时期晋国的一位重臣，空闲的时候，他会外出打打猎、散散心。

有一天，赵盾带着随从来到首阳山打猎。他追猎一只野兔，野兔钻进草丛间不见了。他正在寻找，忽然看见一棵桑树下歪靠着一个面黄肌瘦的人，那人浑身肮脏、奄奄一息的样子。赵盾连忙命手下前去询问，才知道那是个饿汉，因为三天没吃东西，饿得实在走不动了，于是坐在树下喘气。赵盾见他可怜，就吩咐随从拿一些食物给他吃。饿汉见了食物，立刻狼吞虎咽地吃起来，但是，他并没有把食物全部吃完，而是留下了一半。

赵盾觉得很奇怪，又让他喝了一些水，然后问："你为什么不把食物吃完呢？"

那个人缓过了气，这才说："我不能吃了。吃到这么好的肉食，我不能不想到我的老母亲。我离开家乡来到晋国给人做奴仆，已经三年多了，不知道母亲还在不在人世。这次返回家乡，我想把留下的这一半食物带回去，给老母亲吃。"

赵盾看着他，慨叹地说："看来'家贫无孝子'的说法是不对的。就凭你这份孝心，我也要将所有食物送给你。"说着他便命令随从把出猎时预备的那些肉和米饭都送给这个人。那汉子接过食物，感激地对赵盾说："如果有机会，我提弥明一定会报答您的这份恩德。"赵盾笑了笑，带着随从走下了山。他根本没把这件事放在心上，很快就忘了。

赵盾当时侍奉的国君是晋灵公。晋灵公是个暴虐无道的君王，宠信奸佞小人屠岸贾，只知横征暴敛，生活荒淫奢侈。更荒唐的是，他大兴土木，在市井建筑了一座高台，然后在上面用弹弓射击来往的行人，看到人们东跑西逃、躲避石弹的情状，他不禁哈哈大笑，以此来取乐。赵盾屡次苦谏，晋灵公不但没听，还很反感，暗中派刺客鉏麑前往赵盾的住处行刺，但鉏麑感叹赵盾忠君爱民，自己撞树而死。晋灵公更加怨恨了，总想找机会除掉这颗眼中钉。

一天，晋灵公设宴招待赵盾，事先在周围布置士兵，设计要杀死赵盾。可也凑巧，这时担任宫中司厨的人就是提弥明。前些日子，因为熊掌没炖烂，晋灵公一气之下把厨师杀掉了，还令宫女把尸体装到筐子里拿去喂恶狗。提弥明就接替被杀那人做了宫厨，此时他发现帐帷后面埋伏有刀斧手，察觉了晋灵公的阴谋，决心要帮助恩公赵盾摆脱杀身之祸。

傍晚，赵盾坦然赴宴，丝毫也没想到晋灵公此举包藏着祸心，还打算在酒筵上再次向君王谏言呢。他穿过几个回廊，到了一个拐角处，突然闪出一个人来，一把将他拉到了一处影壁后。赵盾吃了一惊，定睛看时，并不认识那人。

"我是宫里的司厨，"那人压着嗓门急急地说，"君王要在宴席间杀你！酒过三巡你就告辞，往宫厨的方向来，小人设法帮你脱身。"

赵盾还没回过神来，那人就匆匆地走了。宴席上，晋灵公请赵盾吃很珍贵的白狸肉，还频频对他劝酒。赵盾趁着举杯之际偷看了一眼旁边，冷不防瞅见帐帷下面露出士兵的靴子，吓出了一身冷汗。他对晋灵公苦笑了一下，站起身来拱手说："多谢大王赐酒。臣下实在无礼，在家中喝水过多，此时内急，去去就来。"说完拔腿就走。

晋灵公一时没有反应过来，只见赵盾已经下了台阶。赵盾一离开宴席就向宫厨方向飞跑，宫中的路径他倒是很熟悉的。可他万万没有想到，无形中引来了一条巨獒——那是晋灵公豢养的恶狗，以往专门唆使它咬人以供作乐的，被咬的人必然逃跑，所以它养成了追咬人的习惯。巨獒猛地扑向赵盾，猝然间赵盾被扑倒在地，眼看巨獒就要咬断他的脖子，但听"嗷"一声惨叫，巨獒摔倒在一边——原来是提弥明冲了出来，手握一把剁骨头的锋利屠刀，一刀劈倒了它。巨獒很快就爬了起来，于是人与獒展开了一场恶斗。提弥明虽然被巨獒抓咬得袖子破烂、鲜血淋漓，但还是砍死了巨獒。

这都是一瞬间发生的事。那边晋灵公已经回过神来了，咆哮如雷，命令刀斧手们追杀过来。宫厨外头拴着提弥明准备的两匹骏马，他带着赵盾奔到后门，两人上马一阵急驰，冲出城门，跑到了城外一个树林里。这时有两个身手特别迅捷的杀手追了上来。四人一番恶斗，提弥明奋不顾身地操着屠刀护着赵盾，两人很快就杀掉了那两个杀手。

赵盾仔细打量着提弥明，不解地问："壮士到底是谁？为何舍命救我？"

提弥明说："大人可还记得？多年前在首阳山的一棵桑树下，曾经救过一个饿汉？"

赵盾想了好一会儿，才依稀记起有过这么回事，说："哦！那，你叫什么名字？"

提弥明说："我的名字并不重要。我只是感激你当年的恩义，才会这样回报罢了。如今重要的是，晋君下毒手要杀你，追兵随时可能会赶来，这里不宜久留，请大人赶快离开，找一个安全的地方吧！"

赵盾有些不舍地谢别了提弥明，星夜远走他乡。同时提弥明也逃出了晋国。

后来晋灵公被赵盾的族人赵穿杀死了，另立了国君晋成公。赵盾这才得以回到晋国，重新执掌朝政大权。他派人到处寻访那个救过他的壮士，却怎么也找不到他了。

居家戒争讼①，讼则终凶。

【字词注解】

①争讼：因争论而诉讼。

【精彩解说】

主持家道一定要防止争吵讼告，如果讼告则会导致凶险的祸患。

【智慧解析】

家庭成员之间，千万不能因互相争吵而引起诉讼，因为这样做，最终对家庭没有好处。不光是家庭成员之间，和左邻右舍也要和睦相处，不要为了一点儿小事就争吵诉讼，否则伤神又伤财。

拓展阅读

六尺巷

清朝康熙年间，安徽桐城出了一件当朝大学士兼礼部尚书张英与邻居叶秀才为了争墙基地界打官司的奇闻。张英家要盖房子，地界紧靠叶家，叶秀才提出要张家留出中间一条路以便出入。但张家提出，他家的地契上写明"至叶姓墙"，现按地契砌墙没有什么不对，即使要留条路，也应该两家都后退几尺才行。当时张英在京城为官，其子张廷玉（雍正、乾隆两朝名臣）也考中进士，在朝为官，老家具体事务就由老管家操办。俗语说，"宰相家人七品官"，这位老管家觉得自己是堂堂大学士家总管，况且这样砌墙也有理有据，叶家一个穷秀才的意见不值得搭理，于是沿着叶家墙根砌起了新墙。这个叶秀才是个倔脾气，一看张家把墙砌上了，咽不下这口气，秀才一纸状文把张家告到了县衙，打起了官司。

一个秀才与当朝大学士打官司，而且理由也不充分，亲朋好友都为叶秀才担心，怕他吃亏，劝他早点撤诉。但叶秀才就是不听，坚持把官司打下去。张家管家一看事情闹大了，就连忙写了封信，把这件事禀告给了京城的张英。不久，他就接到了张英的回信。信中没有多说什么，只有四句诗："一纸书来只为墙，让他三尺又何妨。万里长城今犹在，不见当年秦始皇。"

管家看了这首诗，明白了主人的意思，就来到叶家，告诉叶秀才，张家准备明天拆墙，后退三尺。叶秀才以为是戏弄他，根本不相信这是真话。管家就把张英这首诗给叶秀才看。叶秀才看了这首诗，十分感动，连说："宰相肚里好撑船，张尚书真是好肚量。"

第二天早上，张家就动手拆墙，后退了三尺。叶秀才见了心中也很激动，就把自家的墙拆了也后退了三尺。于是张叶两家之间就形成了一条一百来米长、六尺宽的巷子，被称为"六尺巷"。后来这里成了桐城一处历史名胜，并一直保存下来。

妙文巧释兄弟嫌

清代翰林高熙喆于甲午年（1894年）任山西正考官，在此任上，留下一段妙文巧解兄弟嫌隙的佳话，一个多世纪过去了，还在晋鲁两省人们口中流传。

一年乡试期间，一连几天太原府天气闷热，生员们在考场上挥汗如雨，作为主考官，高翰林更是忙得不可开交。此年高翰林年交四十，正是年富力强，成熟沉稳的年龄。此次会考，高翰林又发现了几位举子才学甚佳，他如获至宝似的将他们写的文章读了又读，不禁吟哦出声。高翰林正陶醉在佳作的意境中，贴身随员柴峰忽然推门进来。

"禀报老爷，忻县朱县令前来求见。"

高翰林接过名刺（即现代的名片）一看，并不相识，但既然登门拜访，定会有事，于是封存起考卷，吩咐柴峰说，请朱大人进来。

高翰林、朱知县分宾主坐定，柴峰端上两杯香茶。朱县令道："久仰太史公文章道德，今日一睹真容真是三生有幸。"

高翰林自谦道："哪里，哪里，百无一用是文人哪。"交谈之下，方知朱县令是胶州人氏，于是话题便多了起来。高翰林打听起胶州同僚张元济、柯昌泗等人，朱县令一一作答。话题从胶州的风土人情，又扯到潍县县令郑板桥，乡土乡音，宾主的距离骤然拉近了许多。

谈兴正浓时，朱县令忽然沉吟不语，面起难色，高翰林道："朱大人来访，定有什么事情要说，我们既然已经认识，不妨明示。"

朱县令起身再拜道："高大人，实不相瞒，下官现有一棘手官司无法交割，特拜请大人赐教。"

高翰林道："详细道来。"

"治下沈家大院有沈仲仁、沈仲义兄弟，皆当朝进士，官至四品，近因其父去世，兄弟俩为分家产引起争端，双双将状纸递到下官县衙。想下官乃七品县令，怎敢造次，倘得罪哪方，我这乌纱翅岂不折断！"

朱县令一边说，一边从公文袋里取出状子。高翰林接过来仔细看了两遍，摇头叹息道："沈氏兄弟和我同科中第，一别也有十年了，不想十年变化如此之大，为争家产手足相煎，枉费了这状纸上的一手好字！"

高翰林、朱县令唏嘘了一阵。临别前，朱县令道："高大人德高望重，又是朝廷命官，我将状纸留在尊处，想大人定能妥善处之。"

说完拱手退出。柴峰送走朱县令，回头道："这县令也真滑头，难办的案子推给老爷，不知老爷如何处置。"

高翰林道："官低三品，他也有他的难处呀！"一边叹息，一边如此这般向柴峰叮嘱了一番。柴峰听罢，面露喜色，说道："老爷放心，我定会照您的方法去做。"

次日晨，在太原府福寿巷沈家公馆门前，走来一位算命先生，只见他脸膛白净，身材挺拔，右手擎一卦幡，"卦"字两侧写一副对联："袖里乾坤大，壶中日月长。"

那青年卦士在巷子里转了两趟，便去叩沈家公馆，说要讨碗水喝。家丁回房禀报说有一卦士，打扮不俗，可否让他来见大人。

主人沈仲仁正和师爷商量这场官司，闻说有算卦人路过家门，不禁触动了心思，遂命家人："召他进来。"须臾，卦士进到前厅。沈仲仁见卦士卦幡上的对联，不禁笑道："好大的口气。"

那卦士定神望了望沈仲仁，答非所问地说："官人当前官司缠身。"

主人一惊："你如何知晓？"

那卦士道："我如何知道并不重要，重要的是官人想不想知道这场官司的输赢？"

主人见碰上了高人，便即刻请卦士上坐，诚恳请教。卦士道："官人不妨任意写个字，我拆字以测吉凶。"

沈仲仁为图吉利，随手写了个"心想事成"的"成"字，递给了卦士。那卦士眉头紧皱，略一思考道："官人，这场官司一定打不赢了。"

主人追问："有何说法？"

卦士道："您看这'成'字，左边为'刀'，右边为'戈'，刀戈相争，安有完卵？您这官司定输无疑了。"

主人着急了："先生，你能不能想个破解之法，让我反败为胜？"

卦士道："学生才疏学浅，只学得卜而后知，破解之术唯我师傅精通，官人不妨明日午时去狮子楼清心阁，我和师傅在那里等您。"

同天下午，沈仲仁胞弟沈仲义刚从街上返回，正要拐向福寿巷，只听道旁卦摊一卦士叫道："官人留步。"

沈仲义停下脚步说："先生叫我有何见教？"那卦士道："我见官人印堂发乌，嘴角下垂，想是犯了克星，须处处提防才是。"

几句话说到沈仲义的痛处，交谈了一阵后，见卦士处处说中，便求教破解之法，卦士也约他明日狮子楼清心阁再谈。

翌日，沈仲仁准时来到狮子楼清心阁，见雅室内坐着一个身材魁梧、举止儒雅的人，那卦士连忙笑着介绍："这位便是我的尊师、翰林院大学士高熙喆老爷。"

沈仲仁听到介绍，心中顿时一怔，高翰林？这位就是名震朝野的那位同科进士高熙喆？接过名刺认真辨认，想到今年乡试山西主考官便是高熙喆，沈仲仁便不再怀疑，上前深深地打了个躬说："高大人远道而来，怎么也不打个招呼呀？！"高翰林笑道："有缘千里来相会，今日相逢不给人一个'他乡遇故知'的感觉吗？"

高翰林和沈仲仁叙谈间，沈仲义在侍从的引导下揭帘走了进来，仲义见哥哥仲仁在，转身就想走。高翰林高声叫道："仲义先生，我是翰林院的高熙喆呀，离别十年怎么未及叙谈便要回去呢？"

沈仲义惊喜地回转身，略带尴尬地抱拳当胸道："不知高大人驾到，有失远迎，恕罪，恕罪。"

酒菜立时上齐，高翰林上坐，那扮卦士的人坐在下首相陪，仲仁、仲义坐在左右首，此时兄弟俩心中早就明白了八九分，但碍于面子谁都不想说出来。

高翰林举起酒杯道："十年离情，各分东西，今天只讲离情和学问，其他一概不谈。"酒过三巡，菜过五味，气氛热烈起来。高翰林绘声绘色地讲起这次乡试的各种笑话，让沈氏兄弟捧腹不止，沈氏兄弟也频频打听京师翰林院的种种传闻及同科生员的生活状况，这些话题使大家又回到当年寒窗苦读的岁月，沉浸在人情、友情里，不觉间，仲仁、仲义也对上话来。

这场同科酒饮了两个时辰，三位大人都已微醺，眼见时辰不早了，高翰林高喊"备轿"。沈家兄弟下得楼来，却见只有一顶轿子，不禁愕然。高翰林抱拳道："委屈，委屈，二位兄台乘我这顶轿子回去吧！"

高翰林边说边上前执兄弟两人的手道："明天我着下人将本人一篇拙作送到府上，请两位兄台见教。"沈氏兄弟道："不敢，不敢，高大人文章道德誉满天下。我们兄弟若能先睹，实乃一大幸事也。"

翌日，果然有人登门造访，进了大厅便跪倒道："两位大人，我乃高翰林高大人的贴身随从，前日装扮卦士并无捉弄两位大人的意思，若有冒犯，乞望两位大人饶恕。"

两兄弟道："明白，明白，不必谢罪。"

这时那人站起身来，从衣袋里取出一卷状纸，正是沈仲仁、沈仲义两兄弟的讼辞，只见封皮上有几行批字，沈氏兄弟搭眼看去，批字云：

"鹁鸽呼雏，乌鸦反哺，仁也；鹿得草而鸣其群，蜂见花而聚其众，义也；羊知跪乳，马不欺母，礼也；蜘蛛网罗而为食，蝼蚁塞穴而避水，智也；鸡非晓而不鸣，燕非舍而不至，信也。

"禽兽尚有五常之至，人为万物之灵，岂无一得？兄通万卷全无教弟之法，弟掌六科亦无敬兄之礼，为家产之小节相争，而伤骨肉之大情。沈仲仁，仁而不仁；沈仲义，义而不义。有过即改，再思可矣。"

批文后又赠诗一首，诗曰：

兄弟同胞一母生，

祖宗遗业何须争？

一番相见一番老，

能得何时再兄弟？

"仁、义、礼、智、信"乃孔学之精粹，沈氏兄弟十年寒窗，考到了进士，焉能不懂这浅显的道理？只因一时糊涂，财迷心窍，做出有违先贤教诲之事，现经高翰林点中软肋，一时羞愧交加，无地自容。兄弟俩遂抱头痛哭，相互检讨自己的错处。

次日，沈氏兄弟着家人从老家取来先父、先母的灵位，供奉在公馆的正堂里，兄弟俩率领一家大小拜倒在香案前，仲仁、仲义割破中指，将血滴在酒中，然后在先人灵位前发誓道："先考尸骨未寒，不肖子孙便分割家产，更因私心太重，竟骨肉相向，有悖祖训，以致闹上公堂，让先人蒙辱。现经翰林院大学士高熙喆先生点拨，茅塞顿开，望考妣大人见谅。现面对父亲、母亲大人发誓，儿担当起祖传家业，兄弟和好如初，永生永世，再不分家！"

一家老小六十多人，见两位老爷相互自责，言辞恳切，无不动容。

抢田产兄弟争讼，借亲情县令息诉

《鹿洲公案·偶记上》中记载，乡民陈智有二子，长子陈明，次子陈定，年少时两人一同上学，一同劳作，二人之间友爱亲善。成年后各自娶妻异居。父陈智过世之后，遗有农田七亩。兄弟之间为此田相互争夺，亲戚亦无法劝解，以至于诉到官府。

在公堂之上，兄弟二人各呈证据。陈明有父亲手书为证，内有老人百年之后，将田产付与长孙之语；陈定亦有父亲临终批嘱为凭。

县令无法判定曲直，言道："你们皆对，错在你们的父亲，真该把你们父亲的棺材劈开啊。"兄弟二人相对无言。县令说："田产不过是小事，而兄弟之间争讼却是大恶，我无法判断，只有让你们各出一足，合而夹之，能忍耐不言痛者，则将田产归之。不知道你们哪只脚不痛，可以伸将出来。"兄弟二人答道："两只脚都痛。"县令曰："真是奇怪，既然你们认为两足都会痛，你们就如同你们父亲的左右足，你们自己均不肯舍弃自己的任何一足，你们的父亲难道愿意吗？这个案子改日再审。"遂命差役用一根锁链将二人拴在一起，封上锁口，不许私自打开，让兄弟二人同席而坐，联袂而食，并头而卧，行则同起，居则同止，片刻不能相离。

县令派人仔细观察兄弟两人的行动辞色，起初二人悻悻不相言语，背面侧坐，一二日后，逐渐对面而坐，又几日，两人相对叹息，相互说起话来，后来，一同吃饭。县令看出二人有悔过之心，派人问陈明、陈定是否有子，两人皆曰各有两子，年龄或者十四五，或者十七八，于是命拘其四子皆来，对陈明、陈定说："你们的父亲不该生汝兄弟，以至于有今日之事，如果只有你们其中一人，田产皆归其一，是何等快乐。不幸的是，你们现在皆有两子，以后难免会又生争夺，我深为你们担忧，因此我代为你们考虑到祸患而采取预防措施，使得你们各有一子足矣。长子陈明留长子，次子陈定留次子，其余两子送收容院，卖于乞丐，记录在案，因为乞丐没有田产，不会产生兄弟纷争。"陈氏兄弟听后叩头哭道两人知罪，情愿将田产让于对方，县令言道："你们只是为情势所迫，而非心甘情愿。"兄弟二人答曰："若非真心实意，愿受神灵处罚。"县令考虑其二人即使真心实意，其妻子未必如此，于是让兄弟二人回家与各自的妻子商议。

翌日，陈氏兄弟偕各自妻子并其陈氏宗族族长陈德俊、陈朝义到公堂表示愿平息此事，妯娌之间亦相互扶携，表示两家以后将会永归于好，不再为田产而起纷争。陈氏兄弟表示愿将纷争的田产施舍于庙宇。县令怒斥到："汝等不顾父亲血汗，鹬蚌相争，实在是不该，既然你们兄弟相让，那就将此田作为你们父亲的祭产，二人轮年收租备祭，子孙世世永无争端，此一举而数得。"于是族长陈德俊、陈朝义皆叩头称善教，陈氏兄弟及其妻子也欢欣感激，当场再三拜谢而去。自此兄弟妯娌相亲相爱，甚于前时，民间讲究礼让的人也多了起来。

在今人看来，或许会对县令的做法连连摇头，颇不以为然，县令完全可以将陈氏兄弟各打五十大板，将田产平分给两人，或者仔细推究，验核证据，严格依法断案，维护真正权利人的利益。其实古人何尝没有想到这一点，只是古人认为兄弟之间争夺财产，即使最后判出输赢，两人此后也会成为冤家对头，不相往来的结果可想而知。所以县令的做法在这里就体现了孔夫子在《论语·颜渊》中所言："听讼，吾犹人也，必也使无讼乎。"如果说现代的法律也是为了平息人们之间的纷争的话，在这一点上我们的传统和现代法治是有暗合之处的。

茉莉花的来历

从前，在苏州某山下有一户人家姓田。父母已亡，只剩下三兄弟，老大叫家福，老二叫家禄，老三叫家寿。一家人靠种花采茶过日子。然而，三兄弟经常斗嘴吵架，甚至拳脚相向，一家人难以相安。

是什么原因呢？原来三兄弟都自私而贪婪。有一年，弟兄三人在北山背阴面种了茶树，在南山朝阳面栽了花。栽的是一种据说是从印度传来的花，叫摩尼花。摩尼本是印度国王给公主的帽冠上镶嵌的一颗宝珠，洁白光亮，珍贵无比。这种花的形状很像颗宝珠，洁白圆润，芬芳四溢，因此就叫它"摩尼花"。这年的春末夏初，摩尼花开了，茶树也可以采摘了。南山的花香被风吹到北山的茶树林。老大头一个发现今年的茶叶上有一股甜香味儿。甜得沁人心脾，香得使人陶醉。老大高兴极了,瞒着老二、老三,偷偷把茶叶抢先摘下来,拿到市场上去卖了。这些茶叶果然惹人喜欢,大家都争先恐后地来买,价钱也比往年高了许多,一会儿就卖完了。

这事儿让老二、老三知道了。

老二说:"北山的茶树是我种的,南山的摩尼花是我栽的,卖茶叶的钱应该全归我。"

老三说:"种茶我出了力,栽花我吃了苦,卖的钱应该全归我。"

老大却说:"摩尼是大家栽的,茶叶是大家采的,但是发现茶叶有香味的却是我一个人,所以卖的钱理应全归我。"

三兄弟吵得不可开交,并动手打了起来。俗话说"相骂无好言,相打无好拳",这一打就打了个三败俱伤,头破血流了还不肯罢休,你揪着我,我揪着你,就闹到戴逵那儿去了。

戴逵何许人也?原来他是当时有名的雕塑家兼琴师。据说他弹奏的琴声可以把凤凰引来,可以使鸟儿跳舞。当朝宰相知道了,就派人去找他来宰相府弹琴。他不愿向权贵弯腰,把琴砸了,隐居到苏州的深山中来了。苏州一带的百姓,人人都知道他为人正直、办事公道,都尊敬他,有事都愿找他帮个忙,评个理。

这一天,田家三兄弟就找到戴逵这儿来了。三人争着把事情的原委叙说了一番。戴逵听了,笑笑说:"摩尼花香茶叶贵,本是好事。但是,摩尼、摩尼,不要变成谋利,要认作末利。人不能过分求利,更不能因利忘义。为谋利而伤了手足情,太不值得。若是你们兄弟三人一条心,门前的黄土也会变成金。我看以后把'摩尼'改成'末利'吧。只要你们三人都牢牢记住这两个字——末利,就再也不会吵闹打架了。"兄弟三人听从了戴逵的劝导,从此团结一心,共创幸福生活。

原文

处世戒多言，言多必失①。

【字词注解】

①失：过失，失误。

【精彩解说】

为人处世要戒除多说话，话多了必然会出现失误。

【智慧解析】

待人接物，话不能过多。话说多了，必然会顾此失彼，或疏于考虑，有失分寸，得罪人的同时又给自己惹上麻烦。

拓展阅读

言多必失

明代开国皇帝朱元璋出身贫寒，少年时放牛，给有钱人家做工，甚至一度为了果腹而出家为僧。但朱元璋胸有大志，风云际会，终于成就一番霸业。

朱元璋当了皇帝以后，有一天，他儿时的一位穷伙伴来京求见。朱元璋很想见见旧日的老朋友，可又怕他讲出什么不中听的话来，犹豫再三，他认为总不能让人说自己富贵了就不念旧情吧，还是让人传了进来。

那人一进大殿，即施礼下拜，高呼万岁，说："我主万岁！当年微臣随驾扫荡庐州府，打破罐州城。汤元帅在逃，拿住豆将军，红孩子当兵，多亏菜将军！"

朱元璋听他说得动听含蓄，心里很高兴，回想起当年大家饥寒交迫时有福同享、有难同当的情形，心情很激动，立即重重封赏了这个老朋友。

消息传出后，另一个当年一块儿放牛的伙伴也找上门来了。见到朱元璋，他高兴极了，生怕皇帝忘了自己，指手画脚地在金銮殿上说道："我主万岁！你不记得了吗？那时候咱俩都给人家放牛，有一次我们在芦苇荡里，把偷来的豆子放在瓦罐里煮着吃，还没等煮熟，大家就抢着吃，把罐子都打破了，撒下一地的豆子，汤都泼在泥地里，你只顾从地下抓豆子吃，结果把红草根卡在喉咙里，还是我出的主意，叫你吞下一把青菜，才把那红草根带进肚子里。"

当着文武百官的面，朱元璋又气又恼，哭笑不得，只好喝令左右："哪里来的疯子，来人，快把他拖出去砍了！"

会说话的人可以凭借三寸不烂之舌升官发财，不会说话的人却因为言语不当遭到灭顶之灾，可见说话的重要性。在社交场合中，少说多听是一条永恒的守则。侃侃而谈不见得能给自己增添光彩，更不一定能说明自己有学问，相反，有时会给人带来言而不实的感觉。

杨修之死

东汉末年，杨彪的儿子杨修是个文学家，才思敏捷，灵巧机智，后来成为"一代奸雄"东汉丞相曹操的谋士，官居主簿，替曹操典领文书，办理事务。

有一次，曹操造了一所后花园。落成时，曹操去观看，在园中转了一圈，临走时什么话也没有说，只在园门上写了一个"活"字。工匠们不了解其意，就去请教杨修。杨修对工匠们说："门内添活字，乃阔字也，丞相嫌你们把园门造得太狭小了。"工匠们恍然大悟，于是重新建造园门，完工后请曹操验收。曹操大喜，问道："谁领会了我的意思？"左右回答："多亏杨主簿赐教！"曹操虽表面上称好，而心底却对杨修起了猜忌。

有一天，塞北有人给曹操送了一盒精美的酥（奶酪）。曹操尝了一口，突然灵机一动，想考考周围文臣武将的才智，就在酥盒上竖着写了"一合酥"三个字，送给文武大臣。大臣们面对这盒酥，百思不得其解，就向杨修求教。杨修看到盒子上的字，竟拿取餐具给大家分吃了。大家问他："我们怎么敢吃魏王的东西？"杨修说："是魏王让我们一人吃一口酥嘛！"在场的文臣武将都为杨修的聪敏而拍案叫绝。而后，操问其故，修从容地回答说："盒上明明写着'一人一口酥'，怎么敢违抗您的命令呢？"曹操虽然表面喜笑，而心头却很讨厌杨修。

曹操多疑，生怕人家暗中谋害自己，常吩咐左右说："我梦中好杀人，凡我睡着的时候，你们切勿近前！"有一天，曹操在帐中睡觉，故意落被于地，一近侍慌取被为他覆盖。曹操即刻跳起来拔剑把他杀了，复上床睡。睡了半天，起来的时候，假装做梦，佯装惊讶地问："何人杀我近侍？"大家以实情相告。曹操痛哭，命厚葬近侍。人们都以为曹操真的是梦中杀人，唯有杨修识破了他的意图，临葬时杨修指着近侍的尸体叹惜说："丞相非在梦中，君乃在梦中耳！"曹操听到后更加厌恶杨修。

曹操出兵汉中进攻刘备，困于斜谷界口，想要进兵，又被马超拒守，想收兵回朝，又恐被蜀兵耻笑，心中犹豫不决，正碰上厨师进鸡汤。操见碗中有鸡肋，因而有感于怀。正沉吟间，夏侯惇入帐，禀请夜间口号。曹操随口答道："鸡肋！鸡肋！"惇传令众官，都称"鸡肋"。行军主簿杨修见传"鸡肋"二字，便让随行军士收拾行装，准备归程。有人报知夏侯惇。惇大惊，遂请杨修至帐中问道："公何收拾行装？"杨修说："从今夜的号令来看，便可以知道魏王不久便要退兵回国。鸡肋，吃起来没有肉，丢了又可惜。现在，进兵不能胜利，退兵恐人耻笑，在这里没有益处，不如早日回去，明日魏王必然班师还朝，所以先行收拾行装，免得临走时慌乱。"夏侯惇说："您真了解魏王的心事啊！"就也跟着收拾行装。于是军寨中的诸位将领没有不准备回去而收拾的。曹操得知这个情况后，传唤杨修，问他为何这样做，杨修用鸡肋的意义回答。曹操大怒："你怎么敢造谣生事，扰乱军心！"便喝令刀斧手将杨修推出去斩了，将他的头颅挂于辕门之外。

唐太宗立太子

唐太宗的第四子魏王李泰自幼聪慧，长成后"文辞美丽""好士爱文学"，故而深得唐太宗欢心，唐太宗滋生出改立李泰为太子之心。特别是贞观十七年（643年），太子李承乾企图谋反而被废黜后，唐太宗甚至一度当面允诺将李泰立为太子。

唐太宗告诉臣子们说："昨天有青雀飞入我的怀中，魏王跟我说：'我今天能当陛下的太子，这是我重生的日子。我只有一个儿子，将来我去世的时候，会为您把我的儿子杀掉，好把王位传给晋王（太宗第九子李治，后为唐高宗）。'父子的感情出于天性，我看到魏王这么有心，心中非常疼爱他。"褚遂良说："这是陛下失言了。请您再仔细想想，魏王现在为争王位不择手段，陛下您去世之后，魏王继位当皇帝，怎么可能把他的爱子杀掉，把好不容易抢来的王位传给晋王呢？从前陛下立了李承乾为太子，宠爱魏王甚至超过了太子，所以弄得魏王和太子争宠，抢夺太子位。这种教训，足以当我们的鉴戒啊！"

后来，唐太宗醒悟了，说："也对，要是立了李泰，那太子的位子就成了可以用诡计求得的了。要是真的立李泰为太子，李承乾和李治就都活不成了；要是立李治，李承乾和李泰就都没事了。但为了大唐的江山社稷考虑，遣他居外，可以使江山无忧、兄弟两全。"贞观二十一年（647年）十一月，进封李泰为濮王。唐高宗李治即位后，诏令李泰可以开府置僚属，车服饮食特殊优待。公元652年，李泰在三十五岁那年死在了郧乡，死后，唐高宗追赠他太尉官职、雍州牧。

唐太宗这么英明的皇帝，尚且会因私情而特别宠爱魏王，说了不该说的话，几乎酿成悲剧，可见失言的可怕。

原文

毋恃①势力而凌逼孤寡。

【字词注解】

①恃：仗着，凭借。

【精彩解说】

不要依仗着势力就去凌辱威逼孤儿寡母。

【智慧解析】

这一句是写在人际交往中，不应仗势欺人，尤其不能欺虐孤儿寡妇，这里可以把孤寡引申为弱者。弱者的生活本来就艰难，你还要去欺负他，这样的人最为人所不齿。为人处世，不仅不能欺凌弱者，还要尽量帮助他们，这样才是一个君子应有的作为。

拓展阅读

吕僧珍不仗势

吕僧珍，字元瑜，南朝人，祖籍东平郡范县（位于今河南境内），世代居住在广陵（今江苏扬州）。

南朝宋文帝统率人马往东讨伐，让吕僧珍参与主持协调行军各部事务。吕僧珍家在建阳门东，他每天从建阳门经过，却从不探望一下自己的家。南朝宋文帝因此更加信任他。

天监四年（505年）冬，梁武帝大举北伐，从此军机之事日渐增多，吕僧珍白天在中书省办公，夜里返回秘书省统管宿卫。天监五年

（506年）夏，梁武帝又任命吕僧珍率领羽林精兵出梁城。这年冬天回军，以原来的官职受爵太子中庶子。吕僧珍离家已久，上奏请求拜墓，梁武帝意欲使他荣耀，让他治理本州，于是授予他平北将军和南兖州刺史的官职，使持节。

吕僧珍在职期间，公平对待属下，不徇私情。他堂兄的儿子起先以贩葱为业，在吕僧珍就任以后，想放弃贩葱求他在州里给自己安排个职务，吕僧珍说："我蒙受国家大恩，没有什么可以报效的。你本来有适合自己身份地位的职业，怎么可以胡乱要求得到不该得的职位！还是赶快回到葱肆去吧。"

吕僧珍老家在市北，前面建有督邮的官署，乡人都劝他迁移督邮官署来扩建自己的住宅。吕僧珍恼怒地说："督邮官署，从我家建造住房以来就一直在这里，怎么可以迁走它来扩建我的私宅呢？"

他姐姐嫁给于氏，住在市西，小屋临街，又混杂在各种店铺中间，一看就是下等人住的地方。但吕僧珍经常带着仪仗队到她家，并不觉得辱没了身份。

郭晞仗势，及时悔过

郭子仪在平定安史之乱中立了大功，威望很高，他怕唐肃宗猜忌，自己要求解除兵权，连手下的亲兵也遣散了。唐肃宗死后，他的儿子李豫即位，就是唐代宗。吐蕃贵族趁唐朝西部边境空虚，纠合了吐谷浑等几个部落共二十多万人马打了过来，一路没遇到什么抵抗，一直打到长安。唐代宗被迫逃到陕州（位于今河南三门峡境内）。

唐代宗赶忙请郭子仪出来抵抗吐蕃兵的进攻。那时候，郭子仪身边已经没有兵士了。他临时招募了二十名骑兵赶到咸阳，发现长安已经陷落。郭子仪派出将士在长安附近虚张声势，白天击鼓扬旗，晚上点起火堆，又派人进城找了几百个少年在大街上击鼓，大叫大嚷，说郭令公（对郭子仪的尊称）带大军来了，人数多得数也数不清。吐蕃将领听到后十分害怕，抢掠了一些财物后，就逃出长安。

郭子仪又立了一次大功，唐代宗回到长安后，重新封郭子仪为副元帅。过了一年，吐蕃、回纥兵又逼近邠州，郭子仪派他的儿子郭晞带兵去协助邠州节度使白孝德防守。

郭晞仗着他父亲的地位，滋长了骄傲情绪。他部下的兵士纪律松弛，有的兵士在外面欺负百姓，干了坏事，郭晞只当不知道。

邠州（位于今陕西境内）有些地痞流氓，觉得在郭家军里当个兵士，既没有约束，又有个靠山，就纷纷找熟识的兵士，在郭晞军营中挂个名。那些流氓和兵士勾结起来，大白天就敢成群结队地在街上为非作歹，遇到他们看不顺眼的人，就动手殴打，甚至把人打成残疾。街上的商铺也常常遭到他们的抢掠。邠州节度使白孝德为这件事很头痛，但是他自己也是郭子仪的老部下，不敢去管郭家的人。

邠州旁边是泾州（位于今甘肃境内）。泾州刺史段秀实知道这个情况后，特地派人送信给白孝德，要求接见。白孝德把段秀实请了来。段秀实说："白公受国家的托付，治理这块地方，现在眼看地方上弄得乌烟瘴气，您倒若无其事。这样下去，我看天下又要大乱了。"

白孝德知道段秀实是个有见识的人，就向他请教。

段秀实说："我看到您这里这样乱，心里也很不安，所以特地来请求在您部下做个都虞候（军法官），来管理地方治安，怎么样？"

白孝德拍手说："好啊，你肯来，我真求之不得哩。"

段秀实在邠州当上了都虞候。这件事并没有引起郭晞手下将士的留意，一些兵士照样胡作非为。

有一天，郭晞军营里有十七个兵士在街上酒馆里酗酒闹事，酒馆主人要他们付酒钱，他们就拔出刀刺伤主人，还把店堂里的酒桶全部打翻，酒全流到水沟里去了。

段秀实得到报告，立刻派出一队兵士，把这十七名酗酒闹事的人统统逮住，就地正法。

老百姓看到这批害人的家伙受到惩罚，个个拍手称快，人人高兴。

这个消息传到郭晞军营，兵士们一听到有人居然敢杀郭家的人，都大吵大嚷起来。大家都穿戴好盔甲，只等郭晞发出号令，就跟白孝德的兵士拼命。

白孝德害怕了，直怪段秀实给他闯了祸。段秀实说："白公不要害怕，我自会去对付。"说着，就准备到郭晞军营里去。

白孝德要派几十个兵士跟随段秀实一起去，段秀实说："用不着了。"他解下佩刀，选了一个跛脚的老兵为他牵马，一起到了郭晞军营。

郭晞的卫士们身披盔甲，杀气腾腾地在营门口拦住段秀实。

段秀实一面笑，一面走进营门，说："杀个老兵，还用得上摆这个架势！我把我的头带来了，叫你们将军出来吧。"

卫士们看到段秀实泰然自若的样子，呆住了，报告郭晞，郭晞连忙请段秀实进帐。

段秀实见了郭晞，作了一个揖，说："郭令公立了那么大的功劳，大伙都敬仰他。现在您却纵容兵士横行不法。这样下去，不大乱才怪呢！如果国家再发生大乱，你们郭家的功名也就完了。"

郭晞听了，猛然惊醒过来，说："段公指教我，这是对我的爱护，我一定听您的劝告。"他边说，边回过头对左右兵士说："快去传我的命令,全军兵士一律卸下盔甲,回自己营里休息,再敢胡闹的处死!"当天晚上,郭晞把段秀实留下来,请他喝酒。段秀实把带来的老兵打发走了,自己在郭晞的营里过了一夜。郭晞怕坏人来暗算段秀实,自己不敢睡,还派兵士在段秀实宿营地巡逻。第二天一早,郭晞还跟段秀实一起到白孝德那儿道歉。

打那儿以后,郭家军的兵士军纪肃然,没有人再敢违法闹事。邠州地方的秩序也安定下来。

勿贪口腹而恣①杀牲禽。

―•【字词注解】

①恣：放纵，无拘束。

―•【精彩解说】

不要贪图嘴上的享受就恣意屠杀牲畜。

―•【智慧解析】

这一句讲不能因为贪吃而无休止地残杀禽兽，人们应该克制口腹之欲，不能随意杀生。除了这层意思之外，此句还告诫人们不能随意杀生，应怀有一颗慈悲之心。

拓展阅读

杀生恶报

蔡京，宋朝宰相，食用奢侈，无心为国，将人乳饲猪，芝麻饲鹅鸭，绿豆饲牛羊，自己用珍珠八宝汤治馔，其他不一而足。幕客翟谦也学他贪图享受。宴会中有客言鸭舌汤美而补，谦稍示意，五百客汤就到；只因偶尔一言，便伤三千余命。后蔡京遭贬。翟谦亦被籍没家产，行乞饿死。

放生遇善报

柏之桢，明朝人，平生爱护动物，小至禽虫，都蒙其泽。冬天下雪，之桢恐怕鸟因草籽难寻，恐将饥饿，乃不避寒冷，亲自扫出一片净地来，将碎米撒上，让诸鸟啄食。后来流寇攻进县城，到桢家，将进门时，看见鸟雀成千，飞集满阶，以为这是无人居住的空屋，都散去了。全家二十口，个个安然无恙。有诗为证："汝欲延生听我语，凡事惺惺须求己。如欲延生须放生，此是循环真道理。他若死时你救他，汝若死时他救你。延生生子无别方，戒杀放生而已矣。"

宋朝大将曹彬讨伐江南，南唐后主李煜的地位保不住了，彬使人对他说："事势如此，所惜者一城生聚。"城将攻下，彬忽称病不办事，众将问候，彬说："我的病，非药所能治。只要诸位诚心自誓，城下之日，不妄杀一人，自会好的。"于是诸将焚香为誓。城破，李煜君臣和人民都得保全。破遂州时，诸将想屠城，彬坚决不许。有捉得妇女的，彬将她们关在一处，暗中保护。事平后，一一查访，还其亲族，无亲的备礼遣嫁。治徐州时，有吏犯罪，彬知他才结婚，此时受责，翁姑将以新妇为不利，等到过了年才责罚他。冬天想将旧屋翻新，恐怕伤害蛰伏的虫，立刻作罢。他受封济阳郡王，谥武惠。子九人，玮、琮、璨，都是名将。光献太后就是他的孙女。

乖僻①自是，悔误必多。

—•【字词注解】

①乖僻：性情乖张偏执。

—•【精彩解说】

性格乖僻，自以为是，后悔的事情和失误肯定会多。

—•【智慧解析】

性格乖僻的人往往趾高气扬，好胜心强，自以为是。这样的人来"治家"，必因常常做错事而懊悔。

拓展阅读

纸上谈兵

公元前262年，秦昭襄王派大将白起进攻韩国，占领了野王，截断了上党郡和韩都的联系，上党形势危急。上党的韩军将领不愿意投降秦国，打发使者带着地图把上党献给赵国。

赵孝成王派军队接收了上党。过了两年，秦国又派王龁围住上党。赵孝成王听到消息，连忙派廉颇率领二十多万大军去救上党。他们才到长平，上党就被秦军攻占了。

王龁还想向长平进攻。廉颇连忙守住阵地，叫兵士们修筑堡垒，深挖壕沟，跟远来的秦军对峙，准备做长期抵抗的打算。

王龁几次三番向赵军挑战，廉颇说什么也不跟他交战。王龁想不出什么法子，只好派人回报秦昭襄王，说："廉颇是个富有经验的老将,不轻易出来交战。我军远道而来,长期下去,恐怕粮草接济不上,怎么办才好呢?"

秦昭襄王请范雎出主意。范雎说:"要打败赵国,必须先叫赵国把廉颇调回去。"

秦昭襄王说:"这如何办得到呢?"

范雎说:"让我来想办法。"

过了几天,赵孝成王听到左右纷纷议论,说:"秦国怕让年轻力强的赵括带兵;廉颇不中用,眼看就要投降啦!"

他们所说的赵括,是赵国名将赵奢的儿子。赵括幼时爱学兵法,谈起用兵的道理来,头头是道,自以为天下无敌,连他父亲也不放在眼里。

赵王听信了左右的议论,立刻把赵括找来,问他能不能打退秦军。赵括说:"要是秦国派白起来,我还得考虑对付一下。如今来的是王龁,他不过是廉颇的对手。要是换上我,打败他不在话下。"

赵王听了很高兴,就拜赵括为大将,去接替廉颇。

蔺相如对赵王说:"赵括只懂得读父亲的兵书,不会临阵应变,不能派他做大将。"可是赵王对蔺相如的劝告听不进去。

赵括的母亲也向赵王上了一道奏章,请求赵王不要派她的儿子去。赵王把她召了来,问她什么原因。赵母说:"他父亲临终的时候再三嘱咐我说,'赵括这孩子把用兵打仗看作儿戏,谈起兵法来,就眼空四海,目中无人。将来大王不用他还好,如果用他为大将的话,只怕赵军会断送在他手里。'所以我请求大王千万别让他当大将。"

赵王说:"我已经决定了,你就别管了。"

公元前260年,赵括领兵二十万到了长平,请廉颇验过兵符。廉颇办了移交,回邯郸去了。赵括统率着四十万大军,声势十分浩大。他把廉颇规定的那套制度全部废除,下命令说:"秦国再来挑战,必须迎头打回去。如果敌人败了，就得追下去，非杀得他们片甲不留不可。"

那边范雎得到赵括替换廉颇的消息，知道自己的反间计成功，就秘密派白起为上将军，指挥秦军。白起一到长平，就布置好埋伏，故意打了几场败仗。赵括不知是计，拼命追赶。白起把赵军引到预先埋伏好的地区，派出精兵二万五千人，切断赵军的后路；另派五千骑兵，直冲赵军大营，把四十万赵军切成两段。赵括这才知道秦军的厉害，只好筑起营垒坚守，等待救兵。秦国又发兵把赵国救兵和运粮的道路切断了。

赵括的军队内无粮草，外无救兵，守了四十多天，兵士都叫苦连天，无心作战。赵括带兵想冲出重围，秦军万箭齐发，把赵括射死了。赵军听到主将被杀，也纷纷扔了武器投降。四十万赵军，就在只会纸上谈兵的主帅赵括手里全军覆没了。

顽固的蹶叔

从前有一个叫作蹶叔的人，性格很是倔强，又常常自以为是，爱跟别人唱反调。

蹶叔在龟山的北面种粮食，又想与人家反着来。他在高而平的地方种水稻，在又低又潮湿的地方种高粱。他有个很忠诚的朋友，知道他这样做不会有什么收获，就好言劝说他道："高粱适合种在干旱的地方，水稻宜种在潮湿的地方。可是你现在正好相反，不符合水稻和高粱生长的习性，那怎么能获得丰收呢？"蹶叔一点儿都不把朋友的话放在心上，还是我行我素。结果他辛辛苦苦地种了十年地，每年都歉收，粮仓里一点儿储备也没有。眼看就快没饭吃了，他这才去看朋友的地，发现朋友正是像他劝说自己的那样种地，庄稼的长势很好，不由得懊悔万分，就向朋友道歉说："您说得对啊，我知道悔改了，不再不听劝告了。"

后来,蹶叔到汶上这个地方去做买卖。他做生意完全不加考虑,看到别人抢购什么货物,他就进什么货,处处都硬要和人家竞争。这样一来,他手上的货总是卖不出去,积压得厉害,价钱被压得极低。蹶叔的朋友担心他亏本,就又教他说:"善于做买卖的人要进别人暂时不争不抢的货物,这样,一旦等到机会来了,就可以获得更多的利润,这正是古代大商人白圭致富的原因啊!"蹶叔又没有听进去。蹶叔常常亏本,过了十年,最终入不敷出,到了非常困窘的境地。这时,蹶叔才回想起了朋友的话,意识到朋友是正确的,又去找到他的朋友道歉:"我现在知道自己错了,从今以后,我再也不敢不悔改了。"

有一天,蹶叔要驾船出海,邀请了他的朋友一起去海边。他的朋友将他送上船,告诫他说:"等你到了海水归聚之处,一定要返航,不然船一进去就再也出不来了。"蹶叔表示自己记住了,会听朋友的话。蹶叔驾着船随着波涛向东驶去,航行了些日子,到了海水归聚的深渊边上。这时候,他又犯了自以为是的老毛病,不听朋友的告诫,还是继续前进,结果船被卷入深深的大壑中。蹶叔就在这个黑暗的地方,忍受着颠簸和孤独,非常艰难地过了九年。直到一次赶上大鲲化为大鹏时激起的巨浪,才总算被冲出了大壑,得以回家。

蹶叔回到家时,头发全白了,形体枯瘦得就像一根蜡烛,亲朋好友没有一个人能认得出他来。蹶叔再次找到他的朋友,深深地拜了两拜,还对天发誓说:"我如再不悔改,请太阳做证惩罚我。"他的朋友笑着说:"悔改是悔改了,但还有什么用呢?"人们都说蹶叔三次悔改就度过了一生。

颓惰①自甘，家道难成。

● 【字词注解】

①颓惰：颓废懒惰。

● 【精彩解说】

颓废懒惰，自甘现状，家道是难以成就的。

● 【智慧解析】

贪图安逸，消极颓废，很难把家治好。勤则成，惰则败，凡事都是这样。这句话教育我们治家一定要勤奋努力，不能颓废和懒惰，否则很难有所成就。

拓展阅读

齐王封丑女为后

战国时期，齐宣王主政时，采取了一些清明的政治措施，使得齐国国力得以发展。可是，在齐国强盛后，他自认为国泰民安，便开始追求享乐，不理朝政，平日亲近和重用一帮阿谀奉承的奸臣，对忠臣良将却猜忌和排斥，使齐国面临着重大的政治和经济危机。

一天，齐宣王在富丽堂皇的雪宫里大设筵席，同亲近的大臣一起一边喝酒，一边欣赏宫女们翩翩起舞。正在高兴时，宫廷侍卫赶来禀报："大王，大门外有个长得很丑的女人吵着要面见大王，说有要事禀报，还要入宫侍候您。"

齐宣王听了很不高兴，但又好奇地想："我后宫聪明伶俐的美女多得数不清，再漂亮的女人也不敢说有资格侍候我。这个丑陋的女人要么是神经病，要么真的有些本事。"想到这些，他便传令丑女晋见。

齐宣王一见丑女，发现她果然长得奇丑：前额宽宽的，眼窝深深的，背有点儿驼，身体矮胖，头发黄乱，肤色黝黑，穿戴破旧不堪。在场的宫女和大臣们没有不掩嘴暗笑的。

齐宣王冷冷地问道："你这个丑女人，为什么要闯进来见我？"

丑女说："我叫钟离春，今年已过了四十岁，找了很多人家，没有一个男人肯要我。听说大王在雪宫里设宴作乐，特来请求大王收留我做侍妾。"齐宣王哑然失笑道："听着，钟离春！我宫里美丽的嫔妃有的是，你如此丑，乡下人都不要你，我怎么会要你？难道你是什么奇才吗？"

钟离春笑了笑，说："我不是什么奇才、天才，只不过会表演各种动作，以它们来暗示和比拟国家大事。"

齐宣王惊奇道："那你就试试吧。做得好，我收留你；如果说谎，立即推出宫门斩首！"

于是，钟离春睁圆眼睛，咬紧牙齿，挥动手臂，拍着膝盖大声喊道："危险！危险！"停了一下，便问齐宣王："您懂我表演的动作的意思吗？"

齐宣王感到莫名其妙，问问左右，他们也都摇摇头。他只好问道："它们是什么意思啊？"

钟离春回答道："睁圆眼睛，就是要您提高警惕，消灭战祸；咬紧牙齿，就是望您忍痛接受忠臣清官的规劝批评；挥动手臂，就是把那帮不干事、专捣鬼的奸邪小人赶跑；拍膝盖，就是要您拆除供人游乐的雪宫！"

齐宣王听罢大发雷霆，说："好大胆的乡下丑女，竟敢胡说八道！"命令侍卫将钟离春推出门外斩首。

钟离春大笑道："我死不足惜，只可惜您不久也要死了。"

齐宣王大怒："我怎么会死？！"

钟离春说道："秦国自商鞅变法后非常强盛，常派兵向东作战，现在齐国边防松弛，岂不是战祸吗？所以我要您睁大眼睛。君主有忠臣，国家才能安定，现在您一味沉醉于酒色，忠言听不进，难道不应硬着头皮广开言路吗？所以我要您咬紧牙齿听取逆耳的忠言。大王被一帮只会吹牛不干实事的小人包围，他们是要贻误国家大事的，所以我挥动手臂提醒您驱赶他们。您修建这么豪华奢侈的行宫，搞得国库空虚，百姓贫穷，这等于坐在火上啊，难道雪宫不应拆除吗？大王有以上四大过失，国家形势十分危险，您自己还蒙在鼓里呢！这样下去，您不是迟早要被人杀头吗？我怀着一颗忠心来劝告您，您杀就杀，我死而无怨！"

这一番有情有理的话，使齐宣王浑身冒冷汗，猛然惊醒。他立即宣布撤去筵席，将钟离春带回王宫，封她做了王后。齐宣王在她的帮助下励精图治，齐国很快恢复了强盛局面。

扶不起的阿斗

蜀汉皇帝刘禅自诸葛亮死后，更加昏庸无道，贪图享乐，不理朝政，宦官黄皓趁机取宠弄权，结党营私，朝政日非，连大将姜维也因怕被害，自请到沓中屯田以避祸。至此，蜀国的基础已大大动摇。

刘禅本来是一个昏庸无能的人。诸葛亮在世的时候，全靠诸葛亮处理军政大事，他不敢自作主张。诸葛亮死后，虽然还有蒋琬、费祎、姜维一些文武大臣辅佐他，可是他毕竟不像诸葛亮在世时那么谨慎了。蒋琬、费祎死后，宦官黄皓得了势，蜀汉的政治就越来越糟了。

邓艾灭了蜀汉以后，后主刘禅还留在成都。到了钟会、姜维发动兵变时，司马昭觉得让后主刘禅留在成都不太放心，就派他的心腹贾充把刘禅接到洛阳。

蜀汉灭亡后，姜维被杀，大臣们死的死，走的走。随同他一起到洛阳去的只有地位比较低的官员郤正和刘通两个人。刘禅不懂事，不知道怎样跟人打交道，一举一动全靠郤正指点。平时，刘禅根本没把郤正放在眼里，到这时候，他才觉得郤正是个忠心耿耿的人。

刘禅到了洛阳，司马昭用魏元帝的名义封他为安乐公，还把他的子孙和原来蜀汉的大臣五十多人封了侯。司马昭这样做，无非是为了笼络人心，巩固对蜀汉地区的统治。但是在刘禅看来，却是很大的恩典了。

有一次，司马昭大摆酒宴，请刘禅和原来蜀汉的大臣参加。宴会中间，还特地叫了一帮歌女表演蜀地的歌舞。

一些蜀汉的大臣看了这些歌舞，想起了亡国的痛苦，伤心得差点儿掉下眼泪。只有刘禅咧开嘴看得挺起劲儿，就像在他自己的宫里一样。

司马昭观察了他的神情，宴会后，对贾充说："刘禅这个人没有心肝到了这步田地，即使诸葛亮活到现在，恐怕也没法使蜀汉维持下去，何况是姜维呢！"

过了几天，司马昭在接见刘禅的时候，问刘禅："您还想念蜀地吗？"

刘禅乐呵呵地回答说："这儿挺快活，我不想念蜀地。"

郤正在旁边听了，觉得太不像话。回到刘禅的府里，郤正说："您不该这样回答晋王。"

刘禅说："依你的意思该怎么说呢？"

郤正说："以后如果晋王再问起您，您应该流着眼泪说：'我祖上的坟墓都在蜀地，我心里很难过，没有一天不想那边。'这样说，也许晋王还会放我们回去。"

刘禅点点头说："你说得很对，我记住就是了。"后来，司马昭果然又问起刘禅，说："我们这儿待您不错，您还想念蜀地吗？"

刘禅想起郤正的话，就把郤正教他的话原原本本背了一遍。他竭力装出悲伤的样子，但是挤不出眼泪，只好闭上眼睛。

司马昭看了他这个模样，心里早明白了一大半，笑着说："这话好像是郤正说的啊！"

刘禅吃惊地睁开眼睛，傻里傻气地望着司马昭说："对，对，正是郤正教我的。"

司马昭不由得笑了，左右侍从也忍不住笑出声来。

司马昭这才肯定刘禅的确是个糊涂人，不会对自己造成威胁，就没有杀害他。刘禅的昏庸无能在历史上出了名，后来，人们常用"扶不起的阿斗（刘禅小名）"比喻那种懦弱无能、无法振作的人。

狎昵①恶少，久必受其累。

【字词注解】

①狎（xiá）昵（nì）：亲近。

【精彩解说】

与那些恶少过分亲近，久而久之一定会被他们拖累。

【智慧解析】

亲近行为不良的人，日子久了，必然会受牵连。所谓近朱者赤，近墨者黑，就是这个意思。和恶人待久了自然会沾上恶人的习气，免不了招致祸端。这句话告诫我们交朋友要找品德高尚的人，远离恶人，免得受其连累。

拓展阅读

高价买邻

南朝时候，有个叫吕僧珍的人，生性诚恳老实，又是饱学之士，待人忠实厚道，从不跟人耍心眼。吕僧珍的家教极严，他对每一个晚辈都耐心教导、严格要求，所以他家形成了优良的家风，家庭中的每一个成员都待人和气、品行端正。吕僧珍家的好名声远近闻名。

南康郡太守季雅是个正直的人，他为官清正耿直，秉公执法，从来不屈服于达官贵人的威胁利诱，为此他得罪了很多人，一些大官僚都视他为眼中钉、肉中刺，总想除去这块心病。终于，季雅被革了职。

季雅被罢官以后，一家人只好从华丽的府第搬了出来。到哪里去住呢？季雅不愿随随便便地找个地方住下，他颇费了一番心思，四处打听，看哪里的住所最符合他的心意。

很快，他就从别人口中得知，吕僧珍家是一个君子之家，家风极好，不禁大喜。季雅来到吕家附近观察，发现吕家子弟个个温文尔雅，知书达理。说来也巧，吕家隔壁的人家要搬到别的地方去，打算把房子卖掉。季雅赶快找到这家房子的主人，说愿意出一千一百万钱的高价买房，那家人很是满意，二话不说就答应了。

于是季雅将家眷接来，就在这里住下了。

吕僧珍来拜访这家新邻居。两人寒暄一番，谈了一会儿话，吕僧珍问季雅："先生买这幢宅院，花了多少钱？"季雅据实回答，吕僧珍很吃惊："据我所知，这座宅院已不算新了，也不是很大，怎么价钱如此之高呢？"季雅笑了，回答说："我这钱里面，一百万钱是用来买宅院的，一千万钱是用来买您这位道德高尚、治家严谨的好邻居的啊！"

季雅宁肯出高得惊人的价钱，也要选一个好邻居，这是因为他知道好邻居会给他的家庭带来良好的影响。所谓近朱者赤，近墨者黑，环境对于一个人各方面的影响是不容忽视的，我们应当珍惜身边的良师益友。

割席断交

东汉末年的管宁和华歆在年轻的时候是一对非常要好的朋友。他俩成天形影不离，同桌吃饭、同榻读书、同床睡觉，相处得很和谐。

有一次，他俩一块儿劳动，在菜地里锄草。两个人努力干着活，顾不得停下来休息，一会儿就锄好了一大片。只见管宁抬起锄头，一锄下去，"铛"一下，碰到了一个硬东西。管宁好生奇怪，将锄到的一大片泥土翻了过来，黑黝黝的泥土中，有一个黄澄澄的东西闪闪发光。管宁定睛一看，是块黄金，他就自言自语地说了句："我当是什么硬东西呢，原来是锭金子。"接着，他不再理会了，继续锄草。"什么？金子！"不远处的华歆听到这话，不由得心里一动，赶紧丢下锄头奔了过来，拾起金块捧在手里仔细端详。管宁见状，一边挥舞着手里的锄头干活，一边责备华歆说："钱财应该靠自己的辛勤劳动去获得，一个有道德的人是不可以贪图不劳而获的财物的。"华歆听了，口里说："这个道理我也懂。"手里却还捧着金子左看看右看看，怎么也舍不得放下。后来，他被管宁的目光盯得实在受不了了，才不情愿地丢下金子回去干活。可是他心里还在惦记金子，干活也没有先前卖力，还不住地唉声叹气。管宁见他这个样子，不再说什么，只是暗暗地摇头。

又有一次，他们两人坐在一张席子上读书，正看得入神，忽然外面沸腾起来，一片鼓乐声中夹杂着鸣锣开道的吆喝声和人们看热闹吵吵嚷嚷的声音。于是管宁和华歆就起身走到窗前去看究竟发生了什么事。原来是一位达官显贵乘车从这里经过，一大队随从带着武器、穿着统一的服装前呼后拥地保卫着车子，威风凛凛。再看那车饰更是豪华：车身雕刻着精巧美丽的图案，车上蒙着的车帘是用五彩绸缎制成的，四周装饰着金线，车顶还镶了一大块翡翠，显得富贵逼人。管宁对于这些很不以为意，又回到原处捧起书专心致志地读起来，对外面的喧闹完全充耳不闻，就好像什么都没有发生一样。华歆却不是这样，他完全被这种张扬的声势和豪华的排场吸引住了。他嫌在屋里看不清楚，干脆连书也不读了，急急忙忙地跑到街上去，跟着人群尾随车队细看。

管宁目睹了华歆的所作所为，再也抑制不住心中的叹惋和失望。等到华歆回来以后，管宁就拿出刀子，当着华歆的面把席子从中间割成两半，痛心而决绝地宣布："我们两人的志趣太不一样了。从今以后，我们就像这被割开的草席一样，再也不是朋友了。"

齐桓公亲佞臣

公元前645年，辅佐齐桓公四十年之后，管仲与世长辞。管仲的去世对齐国是重大的打击，他的地位是任何人都代替不了的，但是齐桓公并没有意识到失去管仲对他意味着什么。

在管仲病重期间，齐桓公亲临病榻，对这位最信赖的大臣进行探望，而且还想从老臣那儿得到些指点。齐桓公问管仲："大臣之中，还有谁有资格能接替宰相这个职位呢？"

管仲勉强从病榻上坐起身来，没有直接回答，只是说："最了解大臣的人，莫过于国君了，想必国君心中自有答案吧。"

齐桓公说："易牙对我可谓是忠心耿耿了，有一回我吃腻了宫中各种美食，觉得没什么可口的东西，开玩笑地说了一句：山珍海味我都吃腻了，只是没吃过人肉，不知人肉的味道是什么样。结果易牙回家后就将他的儿子杀了做了一道鲜美的菜肴，虽然我知道以后觉得很不舒服，但是易牙这个人爱戴我超过爱自己的儿子。我看让他办事，我是放心的。"

管仲听了叹了口气，摇摇头，对齐桓公说："易牙杀了儿子，并非爱戴君主超过爱儿子，只是为了取悦迎合国君罢了，连自己儿子都烹杀的人，还有什么人不可以杀呢？"管仲的原则是，君主应该有自己的爱好，只要不涉及政治大事，管仲是不会干涉的，对于易牙这种小人，管仲认为只是齐桓公私生活中可以宠幸的人，不料昏庸的齐桓公竟然想将相位交给这种小人。

齐桓公不以为意，于是又说："那么开方这个人怎么样？开方十五年来一直服侍在我身边，一次都没有回家看望过父母，父母亲死的时候，他都舍不得离开我回去奔丧，这个人爱戴我超过对父母的孝顺，我看他忠心为国，当国相是合适的。"

管仲一听，便回答说："这个开方，根本就是不孝，连有生养之恩的父母亲，他都忍心背弃，还有什么人是他不会背弃的呢？这样不近人情的人，还是要小心为好。"

齐桓公一听，又碰钉子了，于是又说道："那么竖刁一定就可以胜任了。竖刁既没有杀儿子，也没有背弃父母，他为了好好侍候我，把自己给阉了，这样可以心无杂念，可以说是一个忠心无比的人了。"

管仲听了，劝齐桓公说："竖刁这种人为了得到您的宠幸，连自己的身体都可以残毁，这种人真是无情到了极点，决计不可让这种人当国相。"

齐桓公很不高兴，便问："这三个人在我身边已经很久了，你现在觉得他们一点儿也不好，为什么从前你不提呢？"管仲说："一个君主的生活不可太枯燥，所以享受些快乐也是应该的。我在国相的位置，总能控制着他们，不让他们为非作歹。现在我病得快不行了，大堤要垮了，水就要泛滥起来，您一定要当心啊！"

管仲在与齐桓公这次会谈之后，不久病情加重去世，管仲的去世，不仅意味着齐国霸权时代的结束，也意味着齐桓公政治生命的结束，甚至意味着齐桓公个人生命的结束。管仲临终前的一番善言，并没有改变齐桓公的态度，齐桓公对易牙、开方、竖刁三人的宠幸有增无减。

由于齐桓公前后三任正式夫人王姬、徐嬴、蔡姬都没有生育，所以太子只能从庶子中挑选。齐桓公这个人很好色，宫中的女宠非常多，其中最受桓公宠幸的六位被称为"如夫人"，虽然她们不是正式夫人，却享受夫人的待遇，这六人是长卫姬、少卫姬、郑姬、葛嬴、密姬和宋华子。这六位"如夫人"都为齐桓公生了儿子，分别是公子无亏、公子元、公子昭、公子潘、公子商人和公子雍。

管仲生前，齐桓公曾经与他商量过立太子的事情，当时确定下来由公子昭担任君位的继承者，即太子。由于齐桓公深知宫中争权夺利、刀光剑影，为了保证公子昭的安全，他早早把公子昭送到宋国，托付给宋襄公。

但是这个决定对易牙和竖刁这些宠臣都不利，因为易牙、竖刁都得到公子无亏的生母长卫姬的宠幸，他们希望齐桓公去世之后，还可以牢牢地把持住自己高高在上的地位，于是决定协助长卫姬，将公子无亏拥立上台。由于易牙和竖刁都深受齐桓公的宠幸，所以齐桓公便答应立公子无亏为太子。

这样一来，其他的几位公子都非常有意见，于是便一哄而上，个个要争当太子。

易牙、竖刁等人为了让公子无亏上台，便利用手中的权力，对反对者采取打击的措施，使齐国的宫廷中充满了杀气。但是齐桓公并没有意识到这些，早已习惯倚赖管仲的齐桓公显然对于宫廷政事有些麻木不仁了。于是易牙、竖刁等人加紧安排在齐桓公死后，让公子无亏上台的计划。

年老力衰的齐桓公终于病倒了，易牙、竖刁等人认为这是一个绝佳的机会，为了防止齐桓公在临终前做出不利于他们的决定，索性将齐桓公的房间给反锁了，将齐桓公房间的四周垒起高墙，只留下一个小洞，以窥视齐桓公的生死。然后派军队守住宫门，严禁一切人进出。

病危中的齐桓公发现这些他最信任的人，突然暴露出狰狞的面目，他从一个雄视天下、至尊无上的君主，一下子跌落成为高墙里的囚犯，不，甚至连囚犯还不如。他已经习惯下命令，但他呼叫，却叫不来一名卫兵或侍从。此时的他一定对人生有了更多的认识，原来人是成不了神的，即便他曾经有神一般的地位，但当神圣的权力被剥夺之后，他就成了高级的四肢动物，本能让他想顽强地生存，但病痛使他只能在绝望中哀号。

可怜齐桓公一代雄主，曾经叱咤风云、令各诸侯国胆战心惊、开拓伟大事业的英雄，却被几个小人蒙蔽，而且是在身患重病之后，活活饿死在高墙之内。在他死后六十七天，封闭的高墙才被破开，呈现在人们眼前的是一具躺在床上的腐败尸体，从衣服间腐烂不堪的皮肉中爬出一群群肥大的蛆虫。

屈志①老成②，急则可相依。

──【字词注解】

①屈志：抑制自己，恭敬自谦。

②老成：阅历丰富，心地厚道，行为庄重者。

──【精彩解说】

恭敬自谦地与老成的人交往，如果碰到急难的事情可以依靠他们。

──【智慧解析】

谦卑地敬奉老练有德的人，急难的时候，就可以靠他指导或扶助。老成的人阅历丰富，懂的东西多，多和他们交往就能在有需要的时候获得帮助，所以我们对待老成之人要懂得尊敬。其实不光是老成之人，只要是品德高尚、重义气的人都值得敬重，都应该结交，跟品德好的人交朋友我们会受益匪浅。

拓展阅读

程婴救孤

晋景公年间，奸臣屠岸贾欲除忠烈名门赵氏，他率兵将赵家团团围住，杀掉了赵朔、赵同、赵括、赵婴齐等。唯一漏网的是赵朔的妻子，她是晋成公的姐姐，肚子里怀着孩子，躲在宫中。赵朔有个门客叫公孙杵臼，还有一个好友叫程婴。赵朔死后，两个人聚到了一起。公孙杵臼质问程婴："你为什么苟且偷生？"程婴说："赵朔之妻已经怀孕,若生下来是个男孩,就把他抚养成人,为赵氏报仇雪恨,若是个女孩,我就彻底失望了,只好以死报答赵氏知遇之恩。"不久,赵妻分娩了,在宫中生下个男孩。屠岸贾闻之,带人到宫中来搜索,没有找到赵氏母子的藏身之处。母子俩逃脱这次劫难后,程婴对公孙杵臼说:"屠岸贾这次没找到孩子,绝对不会罢休,你看怎么办?"公孙杵臼一腔血气地问:"育孤与死,哪件事容易?"程婴回答:"死容易,育孤当然难。"公孙杵臼说:"赵君生前待你最好,你去做最难的事情。让我去做容易的事情,我去死吧!"

计划好后,他俩谋取别人的婴儿(一说是程婴献出自己的亲生儿子),包上华贵的褓褓,带到山里,藏了起来。然后程婴出来自首,说只要给他千金他就说出赵氏孤儿的藏身之处。告密获准,程婴带着人去捉拿公孙杵臼和那个婴儿。公孙杵臼见了程婴,装得义愤填膺,大骂他是无耻小人,不仅不能为朋友死难,还要出卖朋友的遗孤。然后大呼:"天乎!天乎!赵氏孤儿何罪?"请求把他一个人杀了,让婴儿活下来。自然,公孙杵臼的要求未被答应,他和那个婴儿都被杀了。

程婴和公孙杵臼的调包计成功,人们都以为赵氏最后一脉已被斩断,那些附和屠岸贾的人都很高兴,以为从此再不会有人找他们复仇了。程婴背着卖友的恶名,忍辱偷生,设法把真正的赵氏孤儿带到了山里,隐姓埋名,抚养他成人。

十五年后,知情人韩厥找机会劝说晋景公勿绝赵氏宗祀。晋景公问赵氏是否还有后人,韩厥提起程婴保护的赵氏孤儿。于是孤儿被召入宫中,孤儿此时已是少年,名叫赵武,晋景公命赵武见群臣,宣布其为赵氏之后,并使其复位,重为晋国大族,列为卿士。程婴、赵武带人攻杀屠岸贾,诛其全族。

赵武二十岁那年,举行冠礼,标志着进入成年。程婴觉得自己已经完成夙愿，就与赵武等人告别，要实现他殉难的初衷，以死了却对公孙杵臼早死的歉疚心情。他其实也是以死表明心迹，证明自己苟活于世，绝没有丝毫为个人考虑的意思。赵武啼泣顿首劝阻，终不济事，程婴还是自杀了。

孔融祢衡忘年交

东汉末年，有个人名叫祢衡（173—198年），字正平，平原郡（位于今山东境内）人，年少有才，十五岁拜当世的名士孔融为师。孔融时年已近四十，与祢衡相处融洽，结交为友，人们称他俩是"忘年交"，意思是年龄或辈分有很大差距的交情。

祢衡颖悟过人，能够过目不忘。有一次，他与朋友黄射路过蔡邕墓，看见墓前立有一块石碑，碑上刻有文字。祢衡看过碑文后认为很好，记诵在心。几天后回到章陵，黄射很惋惜没有让人把蔡邕墓的碑文写下来。祢衡说："我看过一遍，还能记得。只是碑文中央第四行的两个字模糊不清，可能是某某字吧。"于是拿起笔将碑文默写下来，就只有两个字空着。黄射虽然深知祢衡的才华，但仍担心有纰漏，就派人去蔡邕墓拓写碑文，回来后对照祢衡所写，居然一字不差，其中模糊的两处正是祢衡所空着的两个字。这令黄射叹服不已。

在孔融的悉心教导下，年轻的祢衡进步极快。他才思敏捷，下笔就成上佳文章。有个名人去世，祢衡前往吊唁，当时他骑着马走在路上，立即下马挥笔撰写唁文，转眼间就写成了。又有一次，黄射大会宾客，有人献上一只鹦鹉，黄射举起酒卮，邀请祢衡作赋。祢衡也不推辞，揽笔而作，文不加点，辞采甚丽。

祢衡意气风发，锋芒毕露，看不上才学一般的人。那时陈群与司马朗都是很有名气的文士，有人曾问祢衡："你怎么不跟从陈群、司马朗学习呢？"祢衡不屑地说："你想让我跟从杀猪卖酒的人学习吗？"又有人问："当今天下，谁是最有学问的人？"祢衡回答："大才有孔文举，小才有杨祖德。"杨祖德即著名的智者杨修，祢衡只将他看成"小才"，略有称许；孔文举就是孔融，正是祢衡的老师和"忘年交"，祢衡将他视为"大才"，可见他对孔融的敬重。

祢衡狂放不羁，难免恃才傲物，因而不但没有几个朋友，还招来无数怨恨，受到他轻蔑的人，多想寻找机会报复他。但祢衡实在聪明，总能机智地化解刁难。有一次，他准备南下到荆州，装束停当，准备出发。很多对他不满的人相约给他送别，其实是存心要侮辱他，故意在城南门口设置白色帐幕——意为"送丧"。祢衡姗姗来迟，于是众人都互相提醒："祢衡那家伙历来对我们不逊，今天他后到，我们就坐着不起身以轻视他。"等祢衡来到时，众人果然都坐着不起身。祢衡见状，忽然号啕大哭。众人大愕，问他为何，祢衡擦着眼泪说："我走到了一群僵尸和棺材的中间，怎么能不悲伤呢？"就这样，众人的举动不仅没能羞辱祢衡，反而再一次遭到祢衡的羞辱。

祢衡个性张扬，不知韬晦隐忍，得罪的人不少，所以他感到孤独和寂寞。但是，孔融很赏识他，珍惜他的才华，从不计较他的无礼与轻慢，不但将自己的所学倾囊相授，并且想方设法为他寻找出路，让他能有施展抱负、建功立业的机会。

建安元年（196年），丞相曹操挟汉献帝东迁，许都（今河南许昌）逐渐成为中原地区的中心。曹操发布了求贤令，招纳人才。孔融随即多次上书向曹操推荐祢衡。

祢衡跟随孔融到许都谒见了曹操。可惜曹操官架十足，盛气凌人，祢衡生性耿介，岂肯趋奉？！曹操看到祢衡言行倨傲，就想羞辱他，于是下令让祢衡做了鼓吏这样的小官。后至八月朝会，曹操大阅试鼓节，鼓吏都必须脱去旧衣，穿上新衣。轮到祢衡时，他竟然赤身击鼓，以美妙的鼓点敲出一曲《渔阳参挝》，暗骂曹操。曹操只能尴尬地苦笑，对身边的人说："我本欲羞辱祢衡，祢衡反而羞辱了我。"

后来祢衡被曹操送给荆州的刘表所用。才华横溢的祢衡，其才华始终得不到施展，最后冤死在心胸狭隘的刘表部将黄祖的手中，其实是间接死于曹操的恶意。而他的老师和忘年交孔融，后来则直接被曹操所杀。

祢衡被害后，认识他的人无不流涕惋惜。

孔融和祢衡这对忘年好友一生的遭遇，是东汉末年的一出悲剧。

张良拾鞋

张良（？—前186年），西汉初大臣，字子房，城父（位于今河南境内）人。秦灭韩后，他意图恢复韩国，多方结交刺客，以刺杀秦王，未遂。秦末农民起义时，聚众归刘邦。楚汉战争中，他提出不立六国之后代，谋得英布、彭越，重用韩信等策略，并主张追击项羽，歼灭楚军，均为刘邦所采纳。汉朝建立后，张良被封为留侯。张良年轻时，因谋刺秦始皇未遂被通缉，便改名换姓，逃到下邳（今江苏邳州）一带躲藏。有一天，他散步走到桥上，有一位穿着粗布衣服的老人从对面走来，走到张良面前，故意把鞋子掉到桥下，对张良说："小伙子，下去帮我把鞋子捡上来！"张良本是韩国的贵族子弟，从来没有被人这样使唤过，又正年轻气盛，开始听到老人的呼唤，既惊讶又气愤，真想揍这老头，但见是个须发已白的老人，只好强忍怒气，到桥下把鞋子捡了上来，不料老人把脚一伸，以长辈的口气说："给我穿上！"张良已经把鞋捡上来了，怒气也消了，就想做好事就做到底吧，便很恭敬地跪着给老人穿好鞋子。老人脸上露出满意的笑容，慢慢往前走去。

张良望着老人远去的背影，惊异于这老人的傲慢和古怪，觉得他不是一个平常的人。不料老人走了一里多路，又转回头，走到张良面前说："小伙子是个可以教导的人，五天后一早，到这里来见我。"张良更觉奇怪，不知老人要教他什么，但还是跪拜答道："是。"

五天后的清早，张良依照老人的吩咐赶到桥上，老人已先等在那里了。老人见张良来了，生气地说："我叫你早来，你为什么现在才到？"说完就走，边走边回头对张良说："过五天再来，要早点来！"第五天，鸡一叫，张良就急忙起身赶到桥上，老人又已经先到了，他生气地说："你这次又来晚了，什么原因？"没等张良解释，又扬长而去，还是边走边回头说："过五天再来，这次你一定要早来！"又过了五天，张良还不到半夜就去了，到了桥上，没见老人，张良庆幸自己终于赶在老人前面到了。等了一会儿，老人也到了，他满意地对张良说："年轻人应当这样才是。"接着他拿出一部书交给张良，叮嘱道："认真读完这部书，以后就可以当帝王的老师了。"说完，就头也不回地走了。到天亮时，张良才看清这部书，原来是《太公兵法》，里面专讲用兵、治国的方法，张良如获至宝。他反复深入研究，彻底地将书弄通弄懂。

后来张良果然成为汉高祖刘邦夺取天下、建立汉朝的重要谋士。刘邦曾夸赞他"运筹帷幄之中，决胜千里之外"。

原文

轻听发言，安知非人之谮诉①，当忍耐三思。

【字词注解】

①谮（zèn）诉：诬蔑人的坏话。

【精彩解说】

不要轻信别人的谗言，要想想是不是污蔑，应当忍耐、多思考。

【智慧解析】

这句话告诉我们，不能听信别人的一面之词，应当自己小心求证，多思考前因后果，不要莽撞行事，否则后悔就来不及了。

拓展阅读

三人成虎

战国时期，魏国大臣庞葱将要陪魏太子到赵国去做人质，临行前对魏王说："现在有一个人说街市上出现了老虎，大王相信吗？"

魏王道："我不相信。"

庞葱说："如果有两个人说街市上出现了老虎，大王相信吗？"

魏王道："我有些将信将疑了。"

庞葱又说："如果有三个人说街市上出现了老虎，大王相信吗？"

魏王道："我当然会相信。"

庞葱接着说："街市上不会有老虎，这是显而易见的事，可是经过三个人一说，好像真的有了老虎了。现在赵国国都邯郸离魏国国都大梁比这里离街市远了许多，议论我的人又不止三个，希望大王明察才好。"

魏王道："我知道了。"

庞葱陪太子到赵国去以后，议论他的话果然传到了魏王耳中。后来，庞葱回到魏国，魏王果然没有再召见他了。

集市是人口集中的地方，当然不会有老虎。说集市上有虎，显然是造谣、欺骗，但许多人这样说了，如果不是从事物真相上看问题，往往会信以为真的。

这个故事本来是讽刺魏惠王无知的，但后世人引申出来"三人成虎"这句成语，借来比喻有时谣言可以掩盖真相。

崇祯帝轻信谗言

努尔哈赤受重伤死去以后，袁崇焕为了探听后金的动静，特地派使者到沈阳去吊丧。皇太极对袁崇焕窝了一肚子的怨恨，但是因为后金刚打败仗，需要休整，再说也想试探一下明朝的态度，所以，不但接待了袁崇焕的使者，还派使者到宁远去表示答谢。双方表面上缓和下来，背地里都在加紧准备下一步的战斗。

到了第二年，皇太极亲自率领大军，攻打明军。后金军分兵三路南下，先把锦州城包围起来。袁崇焕料定皇太极的目标是宁远，决定自己留在宁远，派部将带领四千骑兵援救锦州。果然，援兵还没出发，皇太极就已经分兵攻打宁远。袁崇焕亲自到城头上率将士守城，用大炮猛轰后金军；城外的援军和城里的军队内外夹击，把后金军赶跑了。

皇太极又把人马撤到锦州，但是锦州的明军守得严严实实，加上天气转暖，后金军士气低落，皇太极只好退兵。

袁崇焕又打了一场大胜仗。可是，阉党魏忠贤却把功劳记在自己名下，反而责怪袁崇焕没有亲自救锦州是失职。袁崇焕知道魏忠贤有心为难他,只好辞官。

1627年,昏庸的明熹宗死去,他的弟弟朱由检即位,就是明思宗,也称崇祯帝(崇祯是年号)。

崇祯帝早就知道魏忠贤作恶多端,民愤太大。他一即位,就列举了魏忠贤的罪状,把魏忠贤充军到凤阳。魏忠贤知道自己活不成,走到半路上就自杀了。

崇祯帝惩办了阉党,又给杨涟、左光斗等人平反了冤屈,朝廷呈现出一派新气象。许多大臣请求把袁崇焕召回朝廷,崇祯帝接受了这个意见,提拔袁崇焕为兵部尚书,负责指挥整个河北、辽东的军事。崇祯帝还亲自召见袁崇焕,问他有什么计划。袁崇焕说:"只要给我指挥权,朝廷各部一致配合,不出五年,可以收复辽东。"

崇祯帝听了十分兴奋,赐给袁崇焕一口尚方宝剑,准许他全权行事。

袁崇焕重新回到宁远,选拔将才,整顿队伍,严明军纪,振奋士气。东江总兵毛文龙作战不力,虚报军功,不服从袁崇焕的指挥。袁崇焕使用尚方宝剑,把毛文龙杀了。

皇太极打了败仗,当然不肯罢休,他知道宁远、锦州防守严密,决定改变进兵路线。他做好一切准备,1629年十月,率领几十万后金军,从龙井关、大安口(位于今河北境内)绕到河北,直扑明朝京城北京。

这一招可出乎袁崇焕的意料。袁崇焕赶快出兵,想在半路上把后金军拦住,可已经来不及了。后金军乘虚而入,到了北京郊外。袁崇焕得到情报,火急火燎地带着明军赶了两天两夜,到了北京,没顾上休息,就和后金军展开激烈的战斗。别路明军也陆续赶到,投入战斗。

后金军突然进攻北京,引起了全城震动。崇祯帝更是急得心慌意乱，不知该怎么办才好，后来听说袁崇焕带兵赶到，心才安定了一些。他亲自召见袁崇焕，慰劳了一番。但是魏忠贤的一些余党却散布谣言，说这次后金兵绕道进京，完全是袁崇焕引进来的，说不定里面还有什么阴谋呢。

崇祯帝是个猜疑心极重的人，听了这些谣言，犹疑起来。正在这个时候，有一个被金兵俘虏去的太监从金营逃了回来，向崇祯帝密告，说袁崇焕和皇太极已经订下密约，要出卖北京。这个消息简直像晴天霹雳，把崇祯帝惊呆了。

原来，明朝有两个太监被后金军俘虏去以后，被关在金营里。有天晚上，一个姓杨的太监半夜醒来，听见两个看守他们的金兵在外面轻声谈话。

一个金兵说："今天咱们临阵退兵，完全是皇上（指皇太极）的意思，你可知道？"

另一个金兵问："你是怎么知道的？"

第一个人又说："刚才我看到皇上一个人骑着马朝着明营走，明营里也有两个人骑马过来，跟皇上谈了好半天话才回去。听说那俩人是袁将军派来的，他已经跟皇上有密约，眼看大事就要成功啦……"

姓杨的太监偷听了这番对话，趁看守他的金兵不注意，偷偷地逃了出来，跑回皇宫，向崇祯帝报告。崇祯帝听了也信以为真，他哪里知道，这个情报完全是假的，两个金兵的谈话是皇太极预先布置的。

崇祯帝命令袁崇焕马上进宫。袁崇焕接到命令，也不知道发生了什么事，匆忙进了宫。崇祯帝拉长了脸，责问说："袁崇焕，你为什么要擅自杀死大将毛文龙？金兵已经到了北京，为什么你的援兵还迟迟不来？"

袁崇焕不禁怔了一下，这些话都是从哪儿说起？他正想答辩，崇祯帝已经喝令锦衣卫把袁崇焕捆绑起来，押进大牢。

有个大臣知道袁崇焕平日忠心为国，觉得事情蹊跷，劝崇祯帝说："请陛下慎重考虑啊！"

崇祯帝说："什么慎重不慎重？慎重只会误事。"

崇祯帝拒绝大臣的劝告，一些魏忠贤余党又趁机诬陷袁崇焕，到了第二年，崇祯帝下令把袁崇焕杀了。

皇太极用反间计除了对手袁崇焕，退兵回到盛京。从那以后，后金越来越强大。到了1635年，皇太极把女真改称满洲；又过了一年，皇太极在盛京称帝，改国号为清。

蒋干中计

赤壁大战前夕，曹操亲率百万大军，驻扎在长江北岸，意欲横渡长江，直下东吴。东吴都督周瑜带兵与曹军隔江对峙，双方剑拔弩张，准备大战一场。

蒋干，字子翼，是曹操手下的谋士。他因自幼和周瑜同窗，便向曹操毛遂自荐，要过江到东吴去做说客，劝降周瑜，免得大动干戈。曹操闻知大喜，亲自置酒为蒋干送行。

这天，周瑜正在帐中议事，部下传报"故人蒋干相访"。周瑜闻讯，已经猜出蒋干的来意，他眉头一皱，计上心来，连忙吩咐众将依计而行，随后带着众人亲出帐门迎接。二人相见，寒暄一番，周瑜挽着蒋干的手臂同入大帐，设盛宴款待蒋干，请文武官员都来作陪。席上，周瑜解下佩剑交给一员大将，命他掌剑监酒，吩咐道："蒋干和我是同窗契友，虽从江北到此，却不是曹操的说客，诸位不要心疑。今日宴席之上，只准共叙朋友旧交，有人提起两家战事，即席斩首！"蒋干听了，面色如土，哪敢多言！周瑜又对蒋干说道："我自领兵以来，滴酒不饮，今日故友相会，正是：江上遇良友，军中会故知。定要喝他个一醉方休！"说罢，周瑜传令奏起军中得胜之乐，开怀畅饮。

酒至半酣，周瑜举杯祝酒道："在座各位，都是江东豪杰，今日之会，可称作群英会！真是同窗契友会群英，江东豪杰逞威风！"随后，乘着酒兴，他起身舞剑作歌："丈夫处世兮立功名，立功名兮慰平生。慰平生兮吾将醉，吾将醉兮发狂吟。"直喝得酩酊大醉。

宴罢，蒋干扶着周瑜回到帐中，周瑜说道："很久没和子翼兄共寝，今夜要同榻而眠。"说着，迷迷糊糊地睡去。蒋干心中有事，想起在曹操面前曾经夸下海口，不知回去如何交代，听到外面鼓打二更，哪里还睡得着？他见周瑜鼾声如雷，便摸到桌前，拿起一叠文书偷看起来。正翻着，忽见里面有一封书信，细看却是曹操的水军都督蔡瑁、张允写给周瑜的降书。蒋干看罢，大吃一惊，慌忙把信藏在衣内。再要翻其他文书，只听周瑜梦中呓语："子翼，我数日之内，定叫你看曹操首级！"蒋干口中含糊答应着，连忙吹了灯，匆匆睡下。

清晨，有人入帐叫醒周瑜，说道："江北有人来……"周瑜急忙止住他，看看蒋干，蒋干只装熟睡。周瑜和那人轻轻走出帐外，又听那人低声说道："蔡瑁、张允说，现在还不能下手……"声音越来越低。蒋干心中着急，可又不敢乱动。不一会儿，周瑜回来躺下睡了。蒋干等周瑜睡熟，偷偷地爬起来，径直走出军营，守营军士也不阻拦。他来到江边，寻着小船，飞一般驰过长江，回见曹操。

其实，这一切都是周瑜设下的反间计。他知道曹军中只有蔡张二将精通水战，便设下此计，想借曹操之手杀掉这两个人。曹操果真上了当，斩了蔡瑁、张允，等到事后曹操省悟过来，已经晚了，只好另换了两个不习水战的水军都督。结果，赤壁一战，曹操水军一败涂地。

原文

因事相争，安①知非我之不是，须平心暗想。

【字词注解】

①安：疑问词，怎么。

【精彩解说】

因为事情互相争吵，要想想是不是自己的不是，要平心静气后再想。

【智慧解析】

遇到事情不能一味责怪他人，要先反思自己有没有错误。和别人争吵也不能得理不饶人，要学会自我反思，找找自己错在哪里，不能一味怪别人。不光是吵架的时候，出了别的问题也要及时自我反省，不能反思自己的错误，就会一错再错。

拓展阅读

虢国的国君

虢国的国君平日里只爱听好话，听不得反面的意见，在他的身边围满了只会阿谀奉承而不会治国的小人。直至有一天虢国亡国，那群误国之臣也一个个作鸟兽散，没有一个人愿意顾及国君，虢国的国君侥幸地跟着一个车夫逃了出来。

车夫驾着马车，载着虢国国君逃到荒郊野外。国君又渴又饿，垂头丧气，车夫赶紧取出车上装食物的袋子，送上清酒、肉脯和干粮，让国君吃喝。国君感到奇怪，车夫哪来的这些食物？于是他在吃饱喝足后，便擦擦嘴问车夫："你从哪里弄来这些东西？"

车夫回答说："我事先准备好的。"

国君又问："你为什么会事先做好这些准备呢？"

车夫回答说："我是专替大王您做的准备，以便在逃亡的路上好充饥解渴呀。"

国君不高兴地问："你知道我会有逃亡的这一天吗？"

车夫回答说："是的，我估计迟早会有这一天。"

国君生气了，不满地说："既然这样，为什么过去不早点儿告诉我？"

车夫说："您只喜欢听奉承的话，如果是提意见的话，哪怕再有道理您也不爱听。我如果给您提意见，您一定听不进去，说不定还会把我处死。要是那样，您今天便会连一个跟随的人也没有，更不用说给您吃的喝的了。"

国君听到这里，气愤至极，涨红了脸指着车夫大声吼叫。

车夫见状，知道这个昏君无可救药，死到临头还不知悔改。于是连忙谢罪说："大王息怒，是我说错了。"

两人都不说话了。马车走了一程，国君又开口问道："你说，我到底为什么会亡国呢？"

车夫这次只好改口说："是因为大王您太仁慈贤明了。"

国君很感兴趣地接着问："为什么仁慈贤明的国君不能在家享受快乐，过安定的日子，却要逃亡在外呢？"

车夫说："除了大王您是个贤明的人外，其他所有的国君都不是好人，他们嫉妒您，才造成您逃亡在外的。"

国君听了，心里舒服极了，一边倚靠在车前的横木上，一边美滋滋地自言自语："唉，难道贤明的君主就该如此受苦吗？"他头脑里一片昏昏沉沉，十分困乏地枕着车夫的腿睡着了。

这时，车夫总算是彻底看清了这个昏庸无能的虢国国君，他觉得跟随这个人太不值得。于是车夫慢慢从国君头下抽出自己的腿，换一块石头给他枕上，然后离开国君，头也不回地走了。

最后，这位亡国之君死在了荒郊野外，尸体被野兽吃掉了。

自我反省的君主

大禹成为首领后，有一次看见一个犯了罪的人，就伤心地哭了起来，左右问他为什么哭，禹说："尧舜的时候，人民皆用尧舜的心为心，而我当了君主，百姓都以自己的心为心，所以我伤心啊。"禹看见民心涣散，感到非常内疚，认为自己没有当好首领，于是自省自责，主动承担责任。

商汤建立王朝后，适逢连年大旱，五谷不收，负责宗教祭祀的大臣说，要用人为牺牲，向上天祈祷求雨。于是，汤"剪发断爪，以身为牲，祷于桑林之社"，"以六事自责"，说："我一个人有罪不能波及百姓，百姓有罪都在我一人。不要因为一个人的不敬，使上天鬼神伤害百姓的性命。"于是，人民大喜，大雨倾盆。汤还说："万方有罪，都是我一个人的罪过。"

夏朝时，一个反叛的诸侯有扈氏率兵入侵，禹的儿子伯启率军抵抗，结果伯启败了。他的部下很不服气，要求继续进攻，但是伯启说："不必了，我的兵比他的多，地也比他的大，却被他打败了，这一定是我的德行、带兵方法不如他的缘故。从今天起，我一定要努力改正过来才是。"从此以后，伯启每天很早便起床工作，粗茶淡饭，照顾百姓，任用有才干的人，尊敬有德行的人。过了一年，有扈氏知道了，不但不敢再来侵犯，反而主动投降了。

遇到失败或挫折，假如能像伯启这样，虚心检讨自己，马上改正有缺失的地方，那么最后的成功，一定是属于你的。

原文

施①惠勿念。

【字词注解】

①施:给,给予。

【精彩解说】

对于帮助别人的事情不要念念不忘。

【智慧解析】

这句话是讲做了好事,比如经济上接济了别人,这是一种美德、一件好事,不应该一直记挂它,更不应该求回报。

拓展阅读

只管施恩不图报

天下有名的巧匠公输般,为楚国制造了一种叫作云梯的攻城器械,楚王计划用这种器械攻打宋国。墨子当时正在鲁国,听到这个消息后,立即动身,走了十天十夜直奔楚国的都城郢,去见公输般。公输般对墨子说:"夫子到这里来有何见教?"墨子说:"北方有人侮辱我,我想借你之力杀掉他。"公输般很不高兴。墨子又说:"请允许我送你十锭黄金作为报酬。"

公输般说:"我义度行事,绝不去随意杀人。"墨子立即起身,向公输般拜揖说:"请听我说,我在北方听说你造了云梯,楚王将用云梯攻打宋国。宋国又有什么罪过呢?楚国的土地有余,不足的是人口。现在要为此牺牲掉本来就不足的人口,而去争夺自己已经有余的土地，这不能算是聪明。宋国没有罪过而去攻打它，不能说是仁。你明白这些道理却不去谏止，不能算作忠。如果你谏止楚王而楚王不从，就是你不够坚持。你以义行事不杀一人而准备杀宋国的众人，确实不是个明智的人。"公输般听了墨子的一席话后，深深为其折服。墨子接着问道："既然我说的是对的，你又为什么不停止攻打宋国呢？"公输般回答说："不行啊，我已经答应过楚王了。"墨子说："何不把我引见给楚王？"公输般答应了。

于是，公输般引墨子见了楚王，墨子说道："假定现在有一个人舍弃自己华丽贵重的彩车，却想去偷窃邻舍的破车；舍弃自己锦绣华贵的衣服，却想去偷窃邻居的粗布短袄；舍弃自己的膏粱，却想去偷窃邻居家里的糟糠。楚王您认为这是个什么样的人呢？"楚王说："一定是个有偷窃毛病的人。"墨子继续说道："楚国的国土方圆五千里，宋国的国土不过方圆五百里，两者相比较，就像彩车与破车相比一样。楚国有云梦之泽，犀牛和麋鹿遍野都是，长江、汉水又盛产鱼鳖，是富甲天下的地方。宋国贫瘠，连野鸡、野兔和小鱼都没有，这就好像粱肉与糟糠相比一样。楚国有高大的松树、纹理细密的梓树，还有梗楠、樟木等，宋国却没有，这就好像锦绣衣裳与粗布短袄相比一样。从这三件事而言，大王攻打宋国，就与那个有偷窃之癖的人并无不同，我看大王攻宋不仅不能有所得，反而还要损伤大王的义。"楚王听后说："你说得太好了！尽管这样，公输般为我制造了云梯，我还是要攻取宋国。"

鉴于楚王的固执，墨子转向公输般。墨子解下腰带围作城墙，用小木块作为守城的器械，要与公输般比试一番。公输般多次使用了攻城的巧妙的方法，墨子都成功地加以抵御。公输般的攻城器械已用完却攻不下城，墨子守城的方法却还绰绰有余，公输般只好认输，但是却说："我已经知道该用什么方法来对付你，不过我不想说出来。"墨子也说："我也知道你用来对付我的方法是什么，我也不想说出来罢了。"楚王在一旁不知道他们两个人到底在说什么，忙问其故，墨子说："公输般的意思不过是要杀死我，杀死了我，宋国就无人能守住城，楚国就可以放心地去攻打宋国了。可是，我已经安排我的学生禽滑釐等三百人，带着我设计的守城器械在宋国的城墙上等着楚国的进攻！所以，即便是杀了我，也不能杀绝懂防守之道的人，楚国还是无法攻破宋国。"楚王听后大声说道："说得太好了！"他不再固执地坚持攻宋，而是对墨子表示："我不进攻宋国了。"墨子成功地劝阻楚王放弃了进攻宋国的计划，便启程回鲁国。途经宋国时，适逢天降大雨，于是想到一个门闾内避避雨，看守门闾的人却不让他进去。

墨子一人不辞辛苦为宋国解决了那么大的麻烦，而宋国却连门都不让墨子进，墨子没有居功自傲，没想着自己有恩于人，就要从他那里取得什么好处。这就是真正的仁爱之心，真正仁慈的人帮助别人是不求回报的。

结草衔环

公元前594年秋，秦桓公出兵伐晋，晋军和秦兵在晋地辅氏（今陕西大荔东）交战。晋将魏颗与秦将杜回相遇，二人厮杀在一起，正在难分难解之际，魏颗突然见一老人用草编的绳子套住杜回，使这位堂堂的秦国大力士站立不稳，摔倒在地，当场被魏颗俘获，使得魏颗在这次战役中大败秦师。

晋军获胜收兵后，当天夜里，魏颗在梦中见到那位白天为他结绳绊倒杜回的老人，老人说："我是祖姬的父亲，我在九泉之下感谢你的救女之恩，今天这样做是为了报答你！"

原来，晋国大夫魏武子有位爱妾叫祖姬，无子，魏武子生病时嘱咐儿子魏颗说："我若死了，你一定要选良配把她嫁出去。"后来魏武子病重，又对魏颗说："我死之后，一定要让她为我殉葬，使我在九泉之下有伴。"等到魏武子死后，魏颗没有把祖姬杀死陪葬，而是把她嫁给了别人。其弟责问他为何不遵父亲临终之愿，魏颗说："人在病重的时候，神智是混乱不清的，我嫁此女，是依据父亲神志清醒时的吩咐。"

"衔环"是另一个故事，杨震（59—124年），东汉人。他的父亲杨宝九岁时，在华阴山北见一黄雀被老鹰所伤，坠落在树下，为蝼蚁所困。杨宝怜之，就将它带回家，放在巾箱中。黄雀只吃黄花，百日之后羽毛丰满，振翅飞走。当夜，有一黄衣童子向杨宝拜谢说："我是西王母的使者，君仁爱救拯，实感成济。"并以白玉环四枚赠予杨宝，说："它可保佑君的子孙位列三公，为政清廉，处世行事像这玉环一样洁白无瑕。"

果如黄衣童子所言，杨宝的儿子杨震、孙子杨秉、曾孙杨赐、玄孙杨彪四代都官至太尉，而且都刚正不阿，为政清廉，他们的美德为后人所传诵。

魏颗再嫁祖姬和杨震在救黄雀的时候都没有想要回报，但是他们都得到了回报，有恩于人不求回报远胜于苛求回报。

齐桓公仗义救燕国

春秋时期，齐国是一个比较强大的诸侯国，国君齐桓公是"春秋五霸"之一。

诸侯国中的燕国，因国力弱小而经常受到山戎部族的侵扰。山戎人能骑擅射，却不知从事农业生产，他们隔三岔五就南下燕国北部抢粮抢物，有时还抢走青年男女做他们的奴仆，当地的百姓苦不堪言。燕国忍无可忍，多次发兵反击，但都被强大的山戎兵打败了。被逼无奈，燕国国君燕庄公想到了霸主齐桓公，于是便派钦差前去齐国请求救援。

齐桓公接见了燕国钦差，听明来意后，与大臣管仲商量了一下，决定亲率大军讨伐山戎。

齐桓公率领大军浩浩荡荡地来到燕国。山戎人听说这个消息后，知道打不过齐国军队，抢劫了燕国大量的粮食、牲畜后就逃走了。齐国大军不战而胜。燕庄公及燕国百姓看见齐桓公率军到来，赶走了山戎人，非常高兴。

山戎兵退了，齐军也该回国了。但管仲心想：如果齐军撤走，山戎人必定又会回来抢劫，倘若那时再出兵必定劳军伤财，况且齐燕两国相距很远，出兵很不容易，何不乘胜追击，一举把麻烦扫除呢？于是，管仲把自己的想法告诉了齐桓公。齐桓公点头赞同说："好，救人救到底，我们就教训一下山戎兵吧，也免除燕国的后患。"

燕庄公听说齐桓公要继续进军，激动异常。他原本也有这个打算，只是没好意思开口。如今见齐桓公处处替他考虑，从心里敬佩这位霸主。

齐燕军队长驱北进，势如破竹，一直打到了山戎国。山戎人被打得只有招架之功，毫无还手之力，纷纷缴械臣服。齐桓公下令善待百姓及俘虏，山戎人很受感动，于是告诉齐桓公，山戎首领密卢已逃到孤竹国。于是，齐燕大军又打到了孤竹国。

齐燕大军灭了孤竹国后，齐桓公将这一带方圆五百里的土地送给了燕国。

齐桓公要班师回国了，燕庄公依依不舍，一路相送，不知不觉进入了齐国境内五十多里。当时有个规矩，国君送国君不能超过国界。齐桓公当即决定以此为界，将燕庄公走过的五十里地域送给燕国。燕庄公推辞不掉，只好接受。燕国君臣望着渐渐远去的齐军队伍，一个个都感动得久久伫立，不愿离去。

齐桓公以仗义的行为帮助了弱小的燕国，却不贪图任何回报，不但令燕国感激涕零，还令众多的诸侯国心悦诚服地归附。此后，齐桓公的威望更高了，霸主地位也更加坚固了。

原文

受恩①莫忘。

【字词注解】

①恩：恩惠。

【精彩解说】

受到别人的恩惠一定不要忘记。

【智慧解析】

受了别人的周济，就应当记住。"滴水之恩，当涌泉相报"，即使无力回报，也应记住人家的恩德。"施惠勿念，受恩莫忘"是从施惠与受惠两方面谈个人应秉持的正确态度。

拓展阅读

沙河粉

清朝末年，广州北郊的沙河镇，有个名叫樊阿香的人与妻子经营一家名为"义和居"的小食店，小两口早上卖热粥和油条，中午改卖家常饭菜，生意尚佳，过着安分守己的日子。一天早上，有位身穿破衣的老人，斜躺在店门前的石头上。阿香生了恻隐之心，让妻子送老人一碗热粥。老人身上没钱，不敢贸然接受。阿香哄他道："您安心吃吧！本店给老人家的热粥都是附赠品，从不收钱。"从此老人天天出现在他的小食店，善良的阿香与妻子也日日施舍。

有一天，阿香卧病在床，不思茶饭，无力经营小食店。这天早上，老人又躺在店前，当听说阿香的病况后，自言自语道："恩人阿香茶饭不进,病情当然不会转好,今天我要亲自下厨,煮碗好吃的东西,给他进食调养身子。"老人洗净双手后,就取用从山上引来的泉水浸泡大米,然后用力地把米磨成米浆,再赶紧把水烧沸,把米浆舀进竹窝篮内,薄薄地摊在上面,待其流荡均匀后,放在锅架上蒸,蒸熟后米浆就变成了薄粉皮,再将粉皮折叠三层,切成长条,加入高汤、葱花、盐、香油调味。做好后他亲自送到阿香的床前。

阿香闻到香喷喷的汤粉,顿时有了食欲,吃了一口粉皮后,就被这滑嫩爽口、带点韧劲的口感吸引住,连吃了两三碗后,精神渐渐好转,身体也日渐康复。

过了两三天,大病痊愈的阿香向老人道谢后,好奇地问:"您为什么会有如此高超的厨艺?"老人长叹一声:"我原是宫廷的御厨,因个性耿直,得罪了小人而遭到诬陷,差点儿人头落地,幸经贵人相助而逃出京城,为了躲避通缉,就四处流浪,过着隐姓埋名的日子。"

老人又说:"此地是广州的沙河镇,就把这粉皮叫作沙河粉吧!我把它的蒸制要诀写在了这张纸上,以报答您近日施粥的恩惠。我在此地已停留太久了,若再不走,恐将连累到您!"话一说完,老人就离开了,而义和居的沙河粉却声名远播。

退避三舍

晋国公子重耳在外逃亡的时候到了楚国,楚成王把重耳当作贵宾,还用招待诸侯的礼节招待他。楚成王对待重耳友好,重耳对成王也十分尊敬,两个人就这样交上了朋友。

有一次,楚成王在宴请重耳的时候,开玩笑地说:"公子要是回到晋国,将来怎样报答我呢?"

重耳说:"金银财宝贵国有的是,叫我拿什么东西来报答大王的恩德呢？"

楚成王笑着说："这么说，难道就不报答了吗？"

重耳说："要是托大王的福，我能够回到晋国，我愿意跟贵国交好，让两国的百姓过太平的日子。万一两国发生战争，在两军相遇的时候，我一定退避三舍（古代行军三十里为一舍）。"

楚成王听了并不在意，却惹恼了旁边的楚国大将成得臣。等宴会结束，重耳离开后，成得臣对楚成王说："重耳说话没有分寸，将来准是个忘恩负义的家伙。还不如趁早杀了他，免得以后吃他的亏。"楚成王不同意成得臣的意见，正好秦穆公派人来接重耳，就把重耳送到秦国去了。

公元前636年，流亡了19年的重耳回国即位。这就是晋文公。

晋文公即位以后，整顿内政，发展生产，把晋国治理得渐渐强盛起来。他也想像齐桓公那样，做个中原的霸主。

这时候，正好周天子周襄王派人来讨救兵。周襄王有个异母兄弟叫太叔带，联合了一些大臣，向狄国借兵，夺了王位。周襄王带着几十个随从逃到郑国。他发出命令，要求各诸侯国护送他回洛邑去。各诸侯国有派人去慰问周天子的，也有送食物去的，可就是没有人愿意发兵打狄人。

有人对周襄王说："现在诸侯当中，只有秦、晋两国有力量打退狄人，别国恐怕没有能力。"周襄王这才打发使者去请晋文公护送他回洛邑。

晋文公马上发兵，把狄人打败了，又杀了太叔带和他那帮人，护送周天子回到都城。

过了两年，宋襄公的儿子宋成公来讨救兵，说楚国派大将成得臣率领楚、陈、蔡、郑、许五国兵马攻打宋国。大臣们都说："楚国总是欺负中原诸侯国，主公要扶助有困难的国家，建立霸业，已经到时候了。"

晋文公早就看出，要当上中原霸主，就得打败楚国。他扩充队伍，建立了三个军，浩浩荡荡地去救宋国。

公元前632年，晋军打下了归附楚国的两个小国——曹国和卫国，把两国国君都俘虏了。

楚成王本来并不想同晋文公交战，听到晋国出兵，立刻下命令叫成得臣退兵。可是成得臣以为宋国迟早可以拿下来，不肯半途而废。他派部将回复楚成王说："我虽然不敢说一定能打胜仗，但也要拼一个死活。"

楚成王很不痛快，只派了少量兵力由成得臣指挥。

成得臣先派人通知晋军，要他们释放卫、曹两国国君。晋文公却暗地通知这两国国君，答应恢复他们的君位，但是要他们先跟楚国断交。曹、卫两国国君就按晋文公的意思办了。

成得臣本想救这两个国家，不料它们倒先跟楚国断交。这样一来，他气得直跳脚，嚷道："这分明是重耳这个老贼逼他们做的。"他立即下令，催动全军赶到晋军驻扎的地方去。

楚军一进军，晋文公立刻命令往后撤。晋军中有些将士不明所以，说："我们的统帅是国君，对方带兵的是臣子，哪有国君让臣子的理儿？"

晋国重臣狐偃解释说："打仗先要凭个理，理直气就壮。当初楚王曾经帮助过主公，主公在楚王面前答应过：要是两国交战，晋国情愿退避三舍。今天后撤，就是为了兑现这个诺言。要是我们对楚国失了信，那么我们就理亏了。我们退了兵，如果他们还不罢休，步步紧逼，那就是他们输了理，我们再跟他们交手也不迟。"

晋军一口气后撤了九十里，到了城濮（今山东鄄城西南），才停下来布置好了阵势。

楚国有些将军见晋军后撤，想停止进攻，可是成得臣却不同意。他率兵一步盯一步地追到城濮，跟晋军遥遥相对。

成得臣还派人向晋文公下战书，措辞十分傲慢。晋文公派人回答说："贵国的恩惠，我们从来都不敢忘记，所以退让到这里。现在既然你们不肯谅解，那么只好在战场上比个高低。"

大战展开了。才一交手，晋国的将军就用两面大旗指挥军队向后败退。他们还在战车后面拖着砍伐下的树枝，战车后退时，地上扬起一阵阵的尘土，显出十分慌乱的模样。

成得臣一向骄傲自大，不把晋军放在眼里。他不顾后果地直追上去，正中了晋军的埋伏。晋军的中军精锐猛冲过来，把成得臣的军队拦腰切断。原来假装败退的晋军又回过头来，前后夹击，把楚军杀得七零八落。

晋文公连忙下令，吩咐将士们只要把楚军赶跑就行了，不要再追杀。成得臣带着残兵败将走到半路上，自己觉得没法向楚成王交代，就自杀了。

晋军占领了楚国营地，把楚军遗弃的粮食吃了三天，才班师回国。

关云长义释曹操

曹操在赤壁被东吴军队打得大败，仓皇地带着三百多个残兵败将从华容道逃走。

这时正是隆冬时节，又下着大雨，将士们的衣服和盔甲全都湿透了，寒风一吹，个个冷得直打哆嗦。马儿跑得太久，也十分困乏。

突然，传来一阵喊杀声，曹军上下顿时都恐慌起来：遭了！是不是又遇上伏兵了？果不其然，前边出现了几百名手持兵器的将士，为首的正是大将关云长，他手提着青龙偃月刀，跨坐在赤兔马上，拦住了去路。曹军见了，无不吓得魂飞魄散，大家面面相觑，不知道该怎么办。

曹操见此情景，叹了口气，对将士们说："既然如此，大家也只能决一死战了！"

一个部将说："大家又累又饿，已经无心应战了。况且，就算我们不胆怯，但马已经走不动了，这仗要怎么打呢？"

谋士程昱想了想，对曹操说："关羽从不欺软凌弱，他恩怨分明，信义昭著。以前丞相有恩于他，今天您亲自去跟他说情，也许他会放过我们。"

曹操听了他的话，心想也只能这样了，就骑马来到关羽面前，欠了欠身，说："关将军别来无恙！"

关羽也欠身回答道："曹丞相别来无恙，我奉军师的命令，在这里等候丞相多时了。"

曹操叹了口气，说："关将军，我兵败势危，现在已经无路可走了，请你看在我们以往的情义上，放我一马，怎么样？"

关羽摇摇头，说："以前你确实对我有恩，但是我为你斩了颜良，诛了文丑，解了白马之围，已经报答了你的恩情。今天的事，又怎么能因为私人感情而影响到军事大计呢？"

曹操见关羽不答应，又说："你还记得过五关斩六将的事吗？当初你走时，我的部下都说要把你追回来，有的还说要杀掉你。但是，我告诉他们你忠于旧主，是个有义气的人，阻止了他们，你这才能够顺利离开我的营地。现在，你难道就真的绝情绝义了吗？"

关羽本来就是一个义重如山的人，他见曹操一再哀求，想起当日曹操的恩义，又见曹军人心惶惶、都要流泪的可怜相，心中极为不忍，于是把马头勒紧，对部下说："你们全都四散让开。"于是，将士们散开，让出了一条路。

关羽的一个部将心想：关将军分明是想放曹操走嘛！这样做会犯错误的。于是，他对关羽说："将军，您这样做难道不怕被军法处置吗？您出来时可是向军师立了军令状的。"

关羽听了，心中正犹豫，回头一看，曹操已经领着众将士一齐向小路跑了过去。他大喝一声，想要拦截，这时，张辽骑着马过来了。关羽见了这个当年的老朋友，又想起了旧日情分，长叹一声，把他们全都放过去了。

凡①事当留余地。

【字词注解】

①凡：凡是，表示概括。

【精彩解说】

无论做什么事都要留出余地。

【智慧解析】

用钱不留余地必穷，用力不留余地身必病，因此，真正的聪明人，做事一定会留有余地。少壮时要为暮年留余地，祖辈、父辈要为子孙留余地。

拓展阅读

残忍的奚显度

南朝宋时期，有个叫奚显度的人，曾经做过员外散骑侍郎。世祖孝武皇帝曾让他做督工，他对待役人残忍苛刻，经常用残酷的方法折磨他们。无论天气多热多冷，也不管是下雨下雪，他都不让人休息。有的役人实在受不了，甚至自杀而死。役人只要听说是派到奚显度那里去，都如同上刑场一般同亲人做生死诀别。当时，建康县拷打囚犯时，最残酷的刑罚是用方木材压额头或脚踝。但是，民间却流传着这样一首歌谣："宁可受建康县压额头的刑罚，也不受奚显度的捶打。"

有一次，前废帝开玩笑地说："奚显度苛刻暴虐，老百姓都痛恨他，应该杀掉他。"左右的人趁机答应，当天就以皇帝的名义杀了奚显度。

一把折扇

同治年间，衡阳挨近双峰大界的地方，有一个忠厚而倔强的农民。他一生勤劳节俭，生活过得不错，不料有一年清明节扫墓时，与人发生了一场纠纷，对方仗着自己有钱有势，硬将坟墓迁到他家的祖坟上来。官司由衡阳县打到了衡州府，总是对方占上风，老头儿咽不下这口窝囊气，被逼得想上吊自尽。

一天，有个老友提醒他："你呀，没长什么心眼。你不是有个干儿子在南京做两江总督吗？他一人之下，万人之上，天下谁不知其名。"那人伸出两个指头，嘴巴挨着他的耳朵说："你只要求他给衡州府写个二指宽的条子，保证你把官司打赢。"

"是啊！"老头儿把胸脯一拍，说，"好办法，我怎么没有想到呢。"他受到启发以后，凑足盘缠，背上包袱，就直往南京奔。

两江总督衙门是不容易进去的。"你是干什么的？"他还未过门槛，衙役就大声喝问。

"我找我干儿子。"老头儿壮着胆子回答。

"谁是你干儿子？"

"宽一。"

衙役们没有一个知道曾国藩的乳名叫宽一，见这老头儿土里土气，怎么也不让他进去。

忽然，督署里传出讯令，总督大人要出门。衙役们忙把这个老头儿拉开，不让他挡住大门。可他哪里肯听，偏偏要靠近门边，想看一看是不是干儿子出来。

不一会儿，一顶轿子出来了。他一眼就窥见轿中坐的正是曾国藩。"宽一！"他操着家乡口音一喊，被曾国藩听出来了，曾国藩连忙叫轿夫停住，下轿后又惊又喜地问："这不是干爹吗？您老人家怎么到了这里？"便转身将干爹送进了自己的住宅。

顿时，督署后院的曾宅里欢乐起来。曾国藩夫妇一面用酒饭招待老头儿，一面问长问短。从干爹的家境到大界白五堂、黄金堂，新老住宅屋后的楠竹、杉树生长情况无所不问。当老头儿切入正题，说明来意时，曾国藩打断他的话说："暂莫谈这个，您老人家难得到这儿来，先游览几天再说吧。"他把一个同乡衙役叫来，接着说："干儿公务在身，这几天不能陪干爹游玩，就请他陪同您去游玩吧，玄武湖、秦淮河、夫子庙这些南京的名胜及热闹的地方都去看看。"老头儿哪有心思游览，仅玩了三天，就按捺不住了。那天晚上，他对干儿媳细说了来意，求她向宽一进言，给衡州府下个二指宽的条子。欧阳夫人说："急什么呀？您干儿要您多玩几天，您就再玩几天再说嘛。"

"我肺都气炸了，官司打不赢，白白受人欺负，哪有心思久玩？"

"不要担心，除非他的官职比你干儿大。"那老头儿听到这句话，心里倒有几分安稳了。

老头儿又玩了三天。当曾国藩办完一天的公事后，欧阳夫人对他说起干爹特意来金陵的事。"你就给他写个条子给衡州府吧。"曾国藩听后叹了一口气说："这怎么行呀？我不是多次给澄弟写信不要干预地方官的公事吗？如今自己倒在几千里外干预起来了，岂不是自己打自己的脸？""干爹是个本分的人，你也不能看着老实人受欺负，得主持公道呀！"经欧阳夫人再三请求，曾国藩动心了，他在房间来回踱了几步，说："好，让我考虑考虑吧。"

第二天，正逢曾国藩接到圣谕升官职，南京的文武官员都来贺喜。曾国藩在督署设宴招待，老头儿也被尊为上席。敬酒时，曾国藩先向大家介绍,首席是他湖南来的干爹。文武官员听了,一齐起身致敬,弄得老头儿怪不好意思。接着,曾国藩还把自己的干爹赞颂了一番,说他一生勤劳,为人忠厚,怎么也不愿意到南京久住,执意要返乡。说着,他从衙役手中接过一个用红绫包着的小盒子,打开后拿出一把折扇,又说:"我准备送干爹一个小礼物,列位看得起的话,也请在扇上题留大名,做个永久纪念。"大家放下盅筷,接过来一看,只见折扇上已工工整整地落了款,上款是"如父大人侍右",下款是"如男曾国藩敬献"。这些官员也一个个应曾国藩之请,在扇上签起名来,有的还题了诗句。不到半个时辰,折扇两面都写得满满的。曾国藩兴高采烈地将折扇收起,仍用红绫包好,双手奉送给了干爹。这老头儿也懂得礼数,起身向各位文武官员作揖致谢。

席终客散,老头儿回到了住室,嘴里不停嘀咕着什么。欧阳夫人出来一听,只见他手捧着红绫包唠叨着:"宽一呀宽一,一张二指宽的条子不肯写,却要这么费事,在这个玩物上写的字再多,我也不能领情。"欧阳夫人忙从他手中接过红包打开一看,不觉大吃一惊:"干爹呀,恭喜,恭喜!"老头儿脸色阴沉,不耐烦地说:"喜从哪儿来?"

"您干儿给您的这个,可是一个大宝贝呢!"

"一把折扇算什么大宝贝?给我写个二指宽的条子,才是'尚方宝剑'。"

"哎呀,干爹,"欧阳夫人凑到老头儿身边细说,"这可比您要的那张条子更宝贵呀。拿回去后,不论打官司也好,办别的什么事也好,任他多大的官,见到此扇都会灵验,千万不要把它丢了,随手带着,还能逢凶化吉呢!"

一番话说得老头子心里热乎乎的。"啊——"他似有所悟,而后会意地笑了。

老头儿刚回到衡阳，就遇到衡州知府升堂。衙门大开着，老头儿手执折扇，大摇大摆地走了进去。在那个时代，被告上堂打官司，手执扇子是藐视公堂的行为，是要受到惩治的。

"把扇子丢下！"衙役喝令。老头儿装作没有听见，一个衙役上前从他手中夺过扇子丢到地上。

"这个可丢不得，是我干儿子送的。"

知府大怒，把惊堂木一拍："放肆！拿上来！"知府接过扇子一看，"嗯……"他翻过来覆过去地看了后，又将视线转到老头儿身上，仔细打量了一番，然后，一声令下："退堂！"

据说，老头儿从衡州府衙门后堂退出来后，知府用轿子把他接了回去，不仅将这把折扇恭恭敬敬退还给了他，还热情地款待了他。那场官司是输是赢，也就可想而知了。

一把折扇，醉翁之意不在酒，表面是在显示亲情，实则相助，意在让当地官员给面子，又使其有否定的余地。这把折扇同时也给足了亲人面子，并使曾国藩免于干涉地方公务之嫌。曾国藩谋事之深，虑事之远，不可谓不厉害。凡事给对方留有余地，这就是曾国藩为人处世的奥秘之一。

王毓俊宅心仁厚

王毓俊是宋代侍御王复斋的儿子。王复斋曾买过一个妾，他的妻子嫉妒心非常强，所以这个妾的日子过得很艰难。王复斋去外地巡视时，妻子就把这个妾关在楼上，不给吃喝，快要把她饿死了。

当时王毓俊只有八岁，对母亲说："如果把她一下子饿死了，人们一定说您不贤。不如每天给她吃很少的粥汤，让她慢慢地死。"母亲听从了小毓俊的话。其实小毓俊每天都偷偷地用小布袋装一些干粮给这个妾吃。

半年多以后，这个妾生下了一个男孩，并偷偷地送去别的地方抚养。等到父亲去世，王毓俊亲自抚养这个小弟弟成人，与对待自己同母的兄弟无异。在这样的家风熏陶下，王敏俊的后人都声名显赫。

翟干佑平险滩

传说唐代一代天师翟干佑发现云安（位于今四川境内）境内江河水流危险的地方有十五处之多，就招来滩神，想要弄平这些险滩，使险滩不再危险。

共有十四处的滩神应他召请而来，独独有位女滩神向翟干佑慷慨地进言说："据我观察，您要平险滩不过是为了方便往来的船只。您不知道，从事船只生意的人获利相当丰厚，纵然是多花些钱，对他们来讲，也不足以构成损失。而沿江居住的穷苦人家，就有三四百户之多，他们没有田地可以耕种，没有桑树可以养蚕，全都靠着劳力拉船渡过险滩讨生活。若是把这些险滩弄平了，对行船的人而言，固然是方便多了，可是对那些住在江边、靠着拉船过日子的穷人来说，以后要靠什么过活呢？所以我向您建议，希望您能改变这个决定！"

翟天师叹了口气说道："您的考虑是如此周密深远，不是我能够比得上的啊！"

于是他命令十四位滩神，各自重新恢复险滩。

原文

得意不宜①再往。

• 【字词注解】

①宜：应当，应该。

• 【精彩解说】

得意以后，就要知足，不应该贪得无厌。

• 【智慧解析】

当财富、事业等方面春风得意之时，要注意适度，不要将顺风帆扯得过足，要"见好就收"，不能贪得无厌；否则，事情将走向反面。

拓展阅读

疏广、疏受急流勇退

西汉时有个人叫疏广，他年轻时勤奋好学，精通《春秋》，在家中招生讲学。不少学生从远方赶来，投奔到他的门下。

汉宣帝听说疏广很有学问，就让他担任博士、太中大夫。不久，又任命他为太子太傅，辅导太子。没有多久，他就成了朝中的重臣。

疏广的哥哥有个儿子，名叫疏受，他为人贤良，被推荐为太子家令。疏受待人接物恭敬有礼。有一次，汉宣帝到太子宫中去，疏受上前迎接拜见，酒宴上又向汉宣帝敬酒祝寿，讲话非常得体。汉宣帝大为满意，任命他为少傅，和疏广一起辅导太子。

此后，疏广越来越受汉宣帝器重，经常得到汉宣帝的赏赐。太子每次上朝，疏广、疏受总是一前一后跟从前往。叔侄二人同时担任太子的老师，一时传为美谈。

过了五年，太子十二岁了，通晓《论语》《孝经》。疏广就对疏受说："我听说一个人知道满足，就不会遭到屈辱；知道适可而止，就不会遇到危险。我还听说一个人功成身退，就合乎天道。现在我们每年俸禄有二千石谷，可谓功成名就，再不辞去官职，将来恐怕后悔莫及。不如我们告老还乡，颐养天年，这样不是很好吗？"疏受欣然同意。

当天，两人就推称有病。过了三个月，疏广推称病重，要求辞去官职。汉宣帝见他们二人确已年老，就答应了，加赏他们黄金二十斤，太子又另外赠送五十斤黄金。

疏广、疏受回乡时，许多官员、朋友、同乡纷纷赶来送行，送行的车子有几百辆之多，停满京城东都门外，热闹非凡。行人见了，都感叹地说："他们真是贤人哪！"

范蠡急流勇退保性命

灭吴之后，勾践封范蠡为上将军。然而范蠡知道该是急流勇退的时候了，他喟然叹息说："我为越王制定了七个计策，越王使用了其中的五个，就灭掉了强大的吴国。我学到的本领，已经让越国富强了，这些本领我再用在我自己身上吧。"于是在一个深夜，范蠡携带金银细软、带领家属和手下，驾一叶扁舟泛于江湖之上，开始了经商致富之路。后来，他辗转来到齐国。范蠡跳出是非之地后，又想到风雨同舟的同僚文种对自己曾有知遇之恩，遂投书一封，劝说道："蜚鸟尽，良弓藏，狡兔死，走狗烹。越王为人长颈鸟喙（古代相术中，认为脖子长、嘴形尖的人多是阴险之辈），可与共患难，不可与共乐。子何不去？"劝文种抽身隐退。文种不肯，最终被越王逼死，留下"鸟尽弓藏"的千古慨叹。

范蠡到了齐国,率领家人在海边辛苦劳作,治理产业。齐国地处今天的山东半岛,自古便有渔盐之利,是富庶之地。范蠡本是绝顶聪明之人,再加上辛苦经营,几年间就有了丰厚的家产,成为当地的首富。齐王听说了他的才干,便派人请他做齐国的宰相。而范蠡却喟然感叹道:"治家理财,有千金之富,又有宰相的官职找上门来,这些看似幸运的事情,对我这样的布衣百姓而言都是不祥的征兆啊。"于是他归还齐王的相印,邀来朋友乡人,把数十万的家财尽数分给他们,只留下些便于携带的珠玉,作为日后经商的资本。散尽家财之后,他便连夜走小道离开齐国。这是他第二次主动地从事业的巅峰急流勇退。

范蠡离开齐国,西行到陶这个地方。陶就在今天的山东定陶。陶当时是各国的交通枢纽,东有齐鲁,南达楚宋,西通魏韩,北接赵卫。诸侯的使者往来,天下的货物交易,都要经过这个地方。范蠡敏锐地看到陶作为交通枢纽的经济意义,便定居于此。他自称陶朱公,率领家人重新创业,不久便再次成为当地首富,财产远远超过在齐国的时候。

范蠡是一代商业奇才。据史书记载,在他从商的十九年中,曾经"三致千金"——三次散尽家财,又三次重新发家。就是放在今天这个时代,这也算得上是一个奇迹!古人有"为富不仁,为仁不富"的说法,但范蠡算得上既富且仁了。

蒯撤退隐

战国初期,秦国是西南部一个文化落后的诸侯国,但秦国很谦虚,经常用外国长于治国的布衣为相(即客卿)。有一天秦王请外国人蒯撤进宫,听他讲治国之道。蒯撤开始给秦王讲王道(用仁义之道治国），教他如何爱护人民，"君轻，民贵""邦以民为本，民以食为天"。秦王听不进去，听着听着就打起瞌睡来。蒯撤看秦王打瞌睡心中暗喜，改讲霸道。这套理论强调普通百姓不懂治国兴邦的权术，公众舆论往往喜欢对治国兴邦不利的政策，所以国王必须不择手段地玩弄权术、讲假话、耍阴谋，对小民要"威之以法（这里的法是指对不服从当局者统治的施以严苛的处罚），法行则知恩"。秦王听后大喜，马上重用蒯撤为宰相。

蒯撤为相后，一天他豢养的一个外国食客来看他，告诉他，他离死期不远了。他听后大惊，问为什么他会死。此人问蒯撤，秦国的客卿都是怎么死的。蒯撤一一回答：这些客卿都是在改革时得罪了保守派贵族，国王一去世，新王在保守派的压力下就将他们处死。蒯撤回答完这个问题，不寒而栗，忙问食客他应该怎么办。食客告诉他，应该急流勇退，在他推行新政最成功、权势最大时，就应该退出政治，将自己的权位让给一个可以执行自己的政策的人，而自己则去过悠闲的享乐生活。蒯撤采纳了他的意见，在其权势最盛时，向秦王推荐这位食客接其位，自己退出政治去过他的安乐日子了。

刘伯温急流勇退

刘伯温（1311—1375年），名基，以字行。刘伯温自幼聪颖异常，天赋极高。在家庭的熏陶下，他从小就好学深思，喜欢读书，对儒家经典、诸子百家都非常熟悉，对天文、地理、兵法、术数之类更是潜心研究，颇有心得。他的记忆力非常好，读书一目十行，过目成诵，而且文笔精彩，所写文章非同凡俗。他十四岁时入处州（今浙江丽水）州学读《春秋》，十七岁师从处州名士郑复初学习宋明理学，同时积极准备科举考试。天生的禀赋和后天的努力，使年轻的刘伯温很快在当地脱颖而出，成为江浙一带的才子和名士，开始受到世人的瞩目。他的老师郑复初就曾对刘伯温的祖父说:"他日这个孩子必定会光大你家门楣,振兴刘氏家族!"西蜀名士赵天泽在品评江左人物时,将刘伯温列为第一,将他与诸葛孔明相比,说刘伯温他日一定会成大器。

刘伯温于元统元年(1333年)考取进士,从此进入仕途,开始了他在中国历史舞台上的精彩表演。

最初,刘伯温希望为元朝政府效力,通过做官来实现自己的远大抱负。他在中进士后不久,被任命为江西高安县丞,后又任元帅府都事,但是他的建议常常得不到朝廷的采纳,他的才能受到朝廷的压制。刘伯温非常失望,先后三次愤然辞职,回故乡青田隐居。

刘伯温隐居青田期间,潜心著述。他将自己对社会、对人生的见解进行了一番总结,创作了著名的《郁离子》一书。而当此之时,全国的形势发生了根本性的变化,各地反元起义风起云涌,元朝的统治已摇摇欲坠。各支反元义军又互相纷争,各不相让。刘伯温静观天下形势,经过一番分析,认为在众多的起义军中,平民出身的朱元璋最有当天子的潜质,他领导的一支红巾军才是推翻元朝、建立新江山的队伍。

1360年,义军统帅朱元璋两次向隐居青田的刘伯温发出邀请,刘伯温经过深思熟虑,终于决定出山辅助朱元璋,希望通过助朱氏打江山来实现自己治国平天下的宏伟大志。与当年诸葛亮"隆中对"相似,刘伯温初次与朱氏相见,就提出了"时务十八策"。朱元璋一见刘伯温,更是大喜不已,将刘伯温视为自己的心腹。

刘伯温出山之后,忠心耿耿地为朱氏政权效力,积极为朱元璋出谋划策。他为朱氏制定了"先灭陈友谅,再灭张士诚,然后北向中原,一统天下"的战略方针。朱元璋得到刘伯温的辅助,如虎添翼。他基本上按照刘伯温为他定下的战略、战术行事,先用诱敌之计大败陈友谅，挫其锐气，再于1363年在鄱阳湖与陈氏决战，将其势力彻底消灭，第二年，又依计将张士诚的势力消灭。然后，朱元璋派军队北上攻打元朝首都北京，同时准备在南方称帝。

1368年，朱元璋在南京登基称帝，即明太祖，正式建立明朝，改元"洪武"。为朱氏平定天下、开创明朝立下了汗马功劳的刘伯温，作为开国元勋之一，被任命为御史中丞兼太史令。为了表彰刘伯温的特殊贡献和巨大功勋，明太祖还下诏免加刘伯温家乡青田县的租税（这是处州地区唯一不加税的县），不久又追封刘伯温的祖父、父亲为永喜郡公。

洪武三年（1370年），刘伯温被任命为弘文馆学士，授"开国翊运守正文臣、资善大夫、上护军"称号，赐封诚意伯，食禄二百四十石。至此，刘伯温本人的事业和青田刘氏家族的发展，都如日中天，达到了鼎盛时期。

作为一代军师和智者，刘伯温料事如神，他深知自己平时疾恶如仇，得罪了许多同僚和权贵，同时也深知伴君如伴虎的道理。因此，他在功成名就之后，毅然选择急流勇退，于洪武四年（1371年）主动辞去一切职务，告老还乡，回青田隐居。

刘伯温只过了两年平静的生活，最终还是没有逃过被杀的命运，但是他的急流勇退毕竟延缓了他的死亡。

人有喜庆①，不可生妒忌心。人有祸患，不可生喜幸心。

—•【字词注解】

①喜庆：喜庆的事。

—•【精彩解说】

别人有了吉祥可贺的事，不可生出妒忌心理。别人有难或有了灾祸，不可生出幸灾乐祸的心理。

—•【智慧解析】

这两句话主要是教我们不要生出嫉妒之心。文中的"喜庆"一词指代很多东西，如道德人品、才智学识、功名富贵、名闻利养、一技之长、美貌仪容等，这些好的方面都可以称作"喜庆"。当看到别人有美好的德行或是好的机遇时，千万不可生出嫉妒之心。人有了祸患是他的不幸，不去帮助他就算了，反而幸灾乐祸，就太缺乏道德了。中国有句古话说："气人有，笑人无。"这句话充分反映了这种小人的心态。心态不正的人是不能治理好一个家的。

拓展阅读

嫉妒之妻遭恶报

唐朝时，梁仁裕是骁卫将军，他喜欢上了一个婢女，而他的妻子李氏非常妒忌这个婢女，并且百般地虐待她。李氏用绳子将婢女捆绑起来击打她的头，婢女呼喊："我的地位卑微低贱，行动不自由，你用绳子勒我的脖子，是多么残忍。"婢女死后一个多月，李氏就得了病，常常梦见那个婢女来召唤她。李氏的头上生了许多毒疮，脑袋也烂了，白天黑夜不停地号叫，痛苦难忍，几个月后就死了。

孙庞斗智

战国初期，魏国有一名大将叫庞涓，他指挥魏军打了不少胜仗，自以为是了不起的军事家。可是他心里明白，他的同窗齐国人孙膑本领比他强得多。据说孙膑是著名的军事家孙武的后代，只有他知道祖传的十三篇兵法。

庞涓妒忌孙膑的才能，安排了一条陷害孙膑的诡计。他向魏惠王（魏国国君）举荐孙膑，魏惠王高兴地派人请来孙膑，共议国事。孙膑的才华显露出来以后，庞涓在魏惠王面前诬陷孙膑私通齐国谋反。魏惠王大怒，要杀孙膑，庞涓又假意讲情，结果孙膑被治了罪，被剜掉了双腿的膝盖骨。

后来孙膑知道了这是庞涓的诡计，一怒之下，烧掉了即将写成的兵书，佯装疯癫，麻痹庞涓，再设法逃脱虎口。

后来齐国的一位使臣到魏国办事，偷偷把孙膑藏在车内，混过了关卡，带到齐国。

齐国国君十分敬重孙膑，想拜他为大将，孙膑却极力推辞："我是个受过刑的残疾人，如果当了大将，众人会笑话的。"齐威王就让他做军师，行军时坐在有篷帐的车里，协助大将田忌作战。

在孙膑的策划下，齐军连打胜仗。公元前342年，庞涓带领魏军攻打韩国，田盼、孙膑率齐军救韩。但孙膑不指挥军队去韩国，而是直接攻打魏国。

庞涓得到情报，忙从赵国撤兵赶回魏国。在路上庞涓观察齐军扎过营的地方：第一天的炉灶数，足够十万人吃饭用的；第二天的炉灶数,够五万人吃饭用的;第三天的炉灶数,只够三万人吃饭用的了。庞涓笑着说:"我就知道齐兵都是胆小鬼,到魏国才三天,十万大军就逃散了一大半。"他下令急追齐军。

魏军一直追到马陵,天渐渐黑了,马陵道在两山之间,路很窄,两旁都是深涧。这时,有士兵报告:"前面山道都用木头给堵住了。"庞涓急忙上前去看,果然如此,只有一棵大树没被砍倒,大树上一大片树皮被砍掉了,上面好像还写着字。庞涓命人拿火把来,借火光一看,他大惊失色,原来上面写的是"庞涓死于此树下",落款是"孙膑"。庞涓想撤兵已来不及了,这时四面杀声震天,不知有多少支箭一齐射来,齐军已把魏军团团围住了。庞涓身中数箭,他已无路可走,就在树下自刎了。

原来孙膑使用诱兵之计,造成齐军逃散的假象。他料定庞涓会追到马陵,便在此处设下了埋伏,他吩咐士兵:只等树下火光一起,就一齐放箭。

孙膑的名气传遍了诸侯国,后来孙膑不愿再做官,就隐居去了。但他写的兵法一直流传到现在。

嫉妒贤能,子孙残废

春秋时期宋国大夫蒋瑗有十个儿子,个个都有缺陷或死于非命:一个驼背,一个跛脚,一个手脚不能伸直,一个两只脚都失去作用,一个疯癫,一个愚痴,一个耳聋,一个眼睛看不见,一个哑巴,一个死在监狱中。孔子的学生子皋看到这种情况,就问蒋瑗:"您做了什么事情,为什么会遇到这么大的灾祸呢?"

蒋瑗说:"我平生并没有干什么大的坏事,只不过经常嫉妒比我高明的人,喜欢巴结我的人;听到别人做了善事就加以怀疑,听到别人做了恶事则深信不疑;看见别人得到好处,好像自己损失了什么似的;遇见别人有了损失,好像自己得到了好处一般。"子皋感慨地说:"您的心术这么坏,应该满门全灭才对,恶报岂止这些?"蒋瑗听了他的话,突然感到畏惧。

　　子皋又说:"如果您能够改过向善,则必可转祸为福,从现在开始,还不会太晚!"蒋瑗从那时起,就痛改前非,广修善行。

原文

善欲①人见，不是真善。

【字词注解】

①欲：想要。

【精彩解说】

做了好事，就想让他人看见，这不是真的心善。

【智慧解析】

真正心善的人是不在乎别人知不知道自己做了善事的。做了善事以后恐怕别人不知道而到处宣扬的人不是真正的善良，是伪善，用善良来伪装自己的人，比真正的恶人更可恶。

拓展阅读

为善不欲人知

宋代邹瑛的母亲是父亲的第二位妻子。前母生的哥哥娶妻荆氏。邹瑛的母亲憎恨荆氏。母亲经常不给她饭吃，邹瑛暗中把自己的食物给嫂嫂吃。母亲迫使荆氏干极重的活儿，邹瑛就与她一起做。如果荆氏有过错或失误，邹瑛不让母亲知道，抢先说是自己的错误。母亲每次鞭打荆氏，邹瑛就跪下来哭着说："女儿今后难道就不去当人家媳妇吗？若是婆母也这样对我，母亲您能快乐吗？嫂嫂的父母虽日夜担忧自己的女儿，又有什么办法呢？"母亲很恼怒，要打邹瑛，她说："我愿为嫂嫂受鞭打，嫂嫂没有过错。"母亲无奈，只得作罢。后来邹瑛嫁给一个读书人。一次，她抱着才几个月大的儿子回娘家，嫂嫂把孩子放在自己床上，小孩掉在火上，烧伤了额头。母亲大怒，邹瑛说："我睡在嫂嫂的房间里，不小心烧伤了孩子，嫂嫂并不知道。"后来这个孩子夭折了，嫂嫂既悲痛又悔恨，不吃不喝。邹瑛却不哭，反而劝慰嫂嫂说："难道嫂嫂是故意的吗？我夜里做了一个梦，说这个孩子应当死，否则我会不吉利。"她强使嫂嫂吃饭，而后自己才吃，最终感化母亲，变得慈悲。邹瑛曾害过重疾，嫂嫂为她吃素三年。邹瑛生了五个儿子，其中，四个中了进士。邹瑛活到九十三岁。

薛包，东汉人，对父母非常孝顺。父母去世后，几个弟弟要求分家，自立门户。薛包无法阻止，只好同意，分配用人时，薛包专挑选年老的，说："这些人与我相处的时间久了，使唤起来顺手。"分家具器物时，他挑选朽坏的，说："这些东西就像我的衣服一样，用惯了。"分田地时，他挑贫瘠的，说："我年轻时常在此耕作，很留恋这些田地。"遂几个弟弟的心意，他把好的分给他们。后来几个弟弟破产，他总是救济他们。薛包用巧妙的方法，使几个弟弟可以接受，不露声色地把好的让给他们，真是难能可贵啊！

儒生和和尚

相传元朝的时候，有几个读书人去拜访天目山的高僧中峰和尚，问他："佛家讲善恶报应，像影子跟着身体一样，人到哪里，影子也到哪里，永远不分离。这是说行善定有好果，造恶定有苦果，绝不会不报的。为什么现在某个人是行善的，他的子孙反而不兴旺？某个人是作恶的，他的家族反倒发达得很？那么佛说的报应，倒是没有凭据了。"

中峰和尚回答说："平常人被世俗的见解蒙蔽，这颗灵明的心没有洗除干净，因此，法眼未开，所以把真的善行认为是恶的，真的恶行反算是善的，这是常有的事情；并且看错了，还不悔恨自己颠倒是非对错，怎么反而抱怨天的报应错了呢？"

大家又说："善就是善，恶就是恶，善恶哪里会弄反呢？"

中峰和尚听了之后，便叫他们把自己认为什么是善的、什么是恶的事情都说出来。

其中有一个人说："骂人、打人是恶，恭敬待人、礼貌待人是善。"

中峰和尚回答说："你说得不一定对！"

另外一个读书人说："贪财，乱要钱是恶；不贪财，清清白白守正道是善。"

中峰和尚说："你说得也不一定是对的！"

那些读书人都把各自平时所看到的种种善恶的行为讲出来，但是中峰和尚说："不一定全对！"

那几个读书人就请教和尚：究竟什么才是善？什么才是恶？

中峰和尚告诉他们："做对别人有益的事情，是善；做对自己有益的事情，是恶。若是做的事情可以使别人得到益处，哪怕是骂人、打人，也都是善；而做有益于自己的事情，哪怕是恭敬待人、礼貌待人，也都是恶。所以一个人做的善事，使旁人得到利益的就是公，公就是真了；只想到自己要得到的利益，就是私，私就是假了。并且从良心上所发出来的善行，是真；只不过是照例做做就算了的，是假。还有，为善不求报答，不露痕迹，那么所做的善事，是真；但是为着某一种目的，企图有所得，才去做的善事，是假。如此种种，自己都要仔细地考察。"

恶恐①人知，便是大恶。

【字词注解】

①恐：害怕。

【精彩解说】

做了坏事，而怕他人知道，就是真正的大恶。

【智慧解析】

做了错事不可怕，但是做了错事不认错而遮遮掩掩就不对了，这就是大恶，掩饰自己的错误，比犯错误本身更可恶。所以我们犯了错不要掩饰，不能害怕别人知道，知错能改才是真正的君子。

拓展阅读

讳疾忌医

有一次，名医扁鹊去见蔡桓公。他在旁边立了一会儿，对蔡桓公说："您生病了，现在病还在皮肤的纹理之间，若不赶快医治，病情将会加重！"蔡桓公听了笑着说："我没有病。"待扁鹊走了以后，蔡桓公对人说："这些医生就喜欢医治没有病的人，并把这个当作自己的功劳。"

十天以后，扁鹊又去见蔡桓公，说他的病已经发展到肌肉里，如果不治，还会加重。蔡桓公不理睬他。扁鹊走了以后，蔡桓公很不高兴。

再过了十天，扁鹊又去见蔡桓公，说他的病已经转到肠胃里去了，再不从速医治，就会更加严重了。蔡桓公仍旧不理睬他。

又过了十天，扁鹊去见蔡桓公时，朝他望了望，转身就走。蔡桓公觉得很奇怪，于是派使者去问扁鹊。

扁鹊对使者说："病在皮肤的纹理用热水敷烫就能够治好；病在肌肤是针石可以治疗的；在肠胃是汤药可以治愈的；病若是到了骨髓里，那还有什么办法呢？现在蔡桓公的病已经深入骨髓，我已无法替他医治了。"

五天以后，蔡桓公浑身疼痛，赶忙派人去请扁鹊，扁鹊却早已经逃到秦国了。蔡桓公不久就死掉了。

陈贾文过饰非

齐国人攻打燕国，有人问孟子："你鼓动齐国人攻打燕国，有这事吗？"孟子说："没有。沈同问我：'燕国可以攻打吗？'我回答他说：'可以。'他们就这样去攻打燕国了。他如果问：'谁可以攻打燕国？'我就会回答他说：'奉天命来治理百姓的人，才可以攻打燕国。'如果有一个杀人犯问我：'这人可以杀吗？'我会回答他说：'可以。'他如果问：'谁可以杀他？'我就回答说：'做司法官的人可以。'现在是一个和燕国一样无道的国家去攻打燕国，本就不应该，我怎么会去鼓动他们呢？"

齐国占领燕国后，燕国人反叛。齐王说："我很是愧对孟子。"

陈贾说："大王不要忧虑。大王自以为和周公相比，谁更爱民，谁更有智慧？"

齐王说："哎呀，你这是什么话？"

陈贾说："周公派他的哥哥管叔监管殷商的遗民，管叔却带领他们叛乱。如果周公知道但还这样做，就是不爱民；如果不知道而这样做，就是没有智慧。爱民和智慧，周公都没有尽量做到，何况大王您呢？我请求见孟子并向他解释。"

于是陈贾去见了孟子，见面后陈贾问："周公是个什么样的人？"

孟子说："是古代的圣贤。"

陈贾说："他派管叔监管殷商遗民，但管叔却带领殷商遗民叛乱，有这回事吗？"

孟子说："有的。"

陈贾说："周公知道管叔将要叛乱吗？"

孟子说："他不知道。"

陈贾说："那么圣贤之人也会犯错误？"

孟子说："周公，是弟弟；管叔，是哥哥。周公的过错，不是很近情理吗？况且古时候的君子，有了过错就会改正；如今的君子，有了过错则任其发展。古时候君子的过错就像日食月食一样，人民都看得见，等到他改正过错时，人民就会很敬仰。如今的君子，何止是让过错顺其自然地发展，而且还会编一套言辞来为自己辩解。"

陈贾听后哑口无言。

秦穆公认错

春秋时期，秦穆公是秦国的一代仁义之君。为了向东扩张势力，他派三员大将带兵偷袭郑国。由于郑国离秦国较远，当时秦国的一个谋士劝秦王说："长途奔袭，士兵们肯定在未到郑国时就已疲惫不堪，况且大军浩浩荡荡地去偷袭，郑国又怎能没有准备呢？"

秦穆公不听谋士的意见，坚决进攻郑国。谋士于是号啕大哭，因为他已料到秦国必败，而他的儿子正是三员出征的大将之一。

果然，郑国大商人弦高在途中遇到秦军，当他得知秦军要攻打郑国时，一面派人疾速报于郑国，一面犒劳秦军，并对他们说："你们三路大军奔波这么远，浩浩荡荡，影响那么大，郑国早有准备了，你们恐怕不能偷袭成功。"

秦军三员大将一听就犹豫起来，弦高说得不错，以疲惫之师去攻打以逸待劳的郑国，肯定会损失惨重，于是，开始撤退。但是在归途中，秦军却遭到晋军的偷袭，结果全军覆没，三员大将也被俘虏了。

当秦国三员大将历经千难万险，逃回到秦国时，秦穆公披着缟素，到郊外三十里迎接他们，哭着说："委屈你们了，这一切都是我的过错啊！我不该不听谋士的话而坚决让你们进攻。你们哪有罪啊？！"

秦穆公勇于承认自己的错误，颇具仁君风范。他这样做丝毫无损于他的威信，相反却让他的将士们更加信服他，更加愿意为他效劳。

负荆请罪

战国时期，秦国最强，常常进攻别的国家。

有一回，赵王得了一件无价之宝——和氏璧。秦王知道了，就写了一封信给赵王，说愿意拿十五座城换这块璧。

赵王接到信非常着急，立即召集大臣来商议。大家说秦王不过想把和氏璧骗到手罢了，不能上他的当，可是不答应，又怕他派兵来进攻。

正在为难的时候，有人说蔺相如勇敢机智，也许能解决这个难题。

赵王把蔺相如找来，问他该怎么办。

蔺相如想了一会儿，说："我愿意带着和氏璧到秦国去。如果秦王真的拿十五座城来换，我就把璧交给他；如果他不肯交出十五座城，我一定把璧送回来。那时候秦国理屈，就没有动兵的理由。"

赵王和大臣们没有别的办法，只好派蔺相如带着和氏璧到秦国去。

蔺相如到了秦国，进宫见了秦王，献上和氏璧。秦王双手捧住璧，一边看一边称赞，绝口不提十五座城的事。蔺相如看这情形，知道秦王没有拿城换璧的诚意，就上前一步，说："这块璧有点儿小毛病，让我指给您看。"秦王听他这么一说，就把和氏璧交给了蔺相如。蔺相如捧着璧，往后退了几步，靠着柱子站定。他理直气壮地说："我看您并不想交付十五座城。现在璧在我手里，您要是强逼我，我的脑袋和璧就一块儿撞碎在这柱子上！"说着，他举起和氏璧就要向柱子上撞。秦王怕他把璧真的撞碎了，连忙说一切都好商量，就叫人拿出地图，把允诺划归赵国的十五座城指给他看。蔺相如说和氏璧是无价之宝，要举行个隆重的典礼，他才肯交出来。秦王只好跟他约定了举行典礼的日期。

蔺相如知道秦王丝毫没有拿城换璧的诚意，一回到驿馆，就叫手下人换了装，带着和氏璧抄小路先回赵国去了。到了举行典礼那一天，蔺相如进宫见了秦王，大大方方地说："和氏璧已经送回赵国去了。您如果有诚意的话，先把十五座城交给我国，我国马上派人把璧送来，决不失信。不然，您杀了我也没有用，天下的人都知道秦国是从来不讲信用的！"秦王没有办法，只得客客气气地把蔺相如送回赵国。

这就是"完璧归赵"的故事。蔺相如立了功，赵王封他做上大夫。

过了几年，秦王约赵王在渑池相会。赵王和大臣们商议说："去吧，怕有危险；不去吧，又显得太胆怯。"蔺相如认为对秦王不能示弱，还是去的好，赵王才决定动身，让蔺相如随行。大将军廉颇带着军队送他们到边界，做好了抵御秦兵的准备。

赵王到了渑池，会见了秦王。秦王要赵王鼓瑟，赵王不好推辞，鼓了一段。秦王就叫人记录下来，说在渑池会上，赵王为秦王鼓瑟。

蔺相如看秦王这样侮辱赵王，生气极了。他走到秦王面前，说："请您为赵王击缶。"秦王拒绝了。蔺相如再要求，秦王还是拒绝。

蔺相如说："您现在离我只有五步远。您不答应，我就跟您拼了！"秦王被逼得没法，只好敲了一下缶。蔺相如也叫人记录下来，说在渑池会上，秦王为赵王击缶。

秦王没占到便宜。他知道廉颇已经在边境做好了准备，不敢拿赵王怎么样，只好让赵王回去。

蔺相如在渑池会上又立了功。赵王封蔺相如为上卿，职位比廉颇还要高。

赵王这么看重蔺相如，可气坏了赵国的大将军廉颇。他想：我为赵国拼命打仗，功劳难道不如蔺相如吗？蔺相如光凭一张嘴，有什么了不起的，地位倒比我还高！他越想越不服气，怒气冲冲地说："我要是碰到蔺相如，定要当面让他难堪，看他能把我怎样！"

廉颇的这些话传到了蔺相如耳朵里。蔺相如立刻吩咐自己手下的人，叫他们以后碰到廉颇手下的人，千万要让着点儿，不要和他们争吵。之后，他自己坐车出门，只要听说廉颇打前面来了，就叫马车夫把车子赶到小巷子里，等廉颇过去了再走。

廉颇手下的人，看见上卿这么让着自己的主人，更加得意忘形了，见了蔺相如手下的人，就嘲笑他们。蔺相如手下的人受不了这个气，就跟蔺相如说："您的地位比廉将军高，他骂您，您反而躲着他，让着他，他越发不把您放在眼里啦！这么下去，我们可受不了。"

蔺相如心平气和地问他们："廉将军跟秦王相比，哪一个厉害呢？"大伙儿说："当然是秦王厉害。"蔺相如说："对呀！我见了秦王都不怕，难道还怕廉将军吗？要知道，秦国现在不敢来打赵国，就是因为国内文官武将一条心。我们两人好比是两只老虎，两只老虎要是打起来,不免有一只要受伤,甚至死掉,这就给了秦国进攻赵国的好机会。你们想想,国家的事要紧,还是私人的面子要紧?"

蔺相如手下的人听了这番话,非常感动,以后看见廉颇手下的人,都小心谨慎,总是让着他们。

蔺相如的这番话,后来传到了廉颇的耳朵里。廉颇惭愧极了。他脱掉一只袖子,露着肩膀,背了一根荆条,直奔蔺相如家。蔺相如连忙出来迎接廉颇。廉颇对着蔺相如跪了下来,双手捧着荆条,请蔺相如鞭打自己。蔺相如把荆条扔在地上,急忙用双手扶起廉颇,给他穿好衣服,拉着他的手请他坐下。

蔺相如和廉颇从此成了很要好的朋友。这两个人一文一武,同心协力为国家办事,从此秦国更不敢欺侮赵国了。

见色而起淫心，报①在妻女。

── 【字词注解】

①报：报应，这里指恶报。

── 【精彩解说】

见到美色而起淫心，报应就会在其妻子女儿身上出现。

── 【智慧解析】

喜欢美女是人之常情，但是不可起淫心，否则就会遭到报应。这句话主要是劝人心静，摒除邪念，不可妄生好色之心。

拓展阅读

张文启

明朝末年，福建流寇四起，青年张文启与同村周姓青年为避寇，躲入山中洞穴内。当时洞内已有一位女孩躲在里面，女孩一见两位年轻男子进来，心生恐惧，害怕他们会有不良举动，于是急忙起身，打算离开。张文启告诉女孩："外面到处都是贼寇，姑娘出去必然会发生危险；你不要怕，留在这里比较安全，我和朋友都是老实人，决不冒犯姑娘。"女孩见张文启说得很诚恳，就留在山洞中。到了半夜，张文启发现周某蠢蠢欲动，就委婉相劝。为了防止周某再起邪念，索性陪着他说话直到天亮。天明后，张文启不敢留周某在山洞，就邀他一起下山去打听贼寇是否已经离去，并且问清楚女孩家的住址。他们下山之后，确定贼寇已退，立刻到女孩家中，通知她的家人上山接女孩。后来张文启经人介绍，娶了一位黄姓小姐为妻。黄家非常有钱，随嫁之奁田、奁资极为丰厚，这些都是张文启事先一点儿也不知道，而且媒人也没有说明的。成婚当日，张文启见到新娘，才发现妻子就是洞中避难的少女！

原来少女回家后告诉父亲洞中避难的经过，黄父听后，断定张文启必定是行为高洁之人，于是央请媒人深入访查其人品。经过细心打听，发现张文启果然是品行端正的青年。张文启当时并不知道洞中少女的家庭背景，只因为他心思纯净，处处为别人着想，护人名节。这也是他平日守身第一，摄心第二，言语第三……日积月累的好习性使然。后来张文启的两个儿子也都登科及第，仕途平顺。

古德说："颠沛流离之际，保全一妇女，节功必倍；损害一妇女，节过亦倍；得失天渊，尤宜谨守。"

秋胡戏妻

有个叫秋胡的人娶了漂亮的女子梅英为妻。新婚宴尔，正所谓"琴瑟和调花烛夜，凤凰匹配洞房春"。不料第二天，官府便差人来征兵，秋胡只能去从军。

至此，梅英与孤苦的婆母相依为命，以农事为生，采桑织麻，日子过得清清淡淡。

过了三年，传闻秋胡战死沙场。村里有个大户人家，慕梅英貌美而贤惠，托巧善辞令的媒婆劝说她改嫁，愿以重金相聘。在荣华富贵的引诱下，梅英仍旧选择保存志节，清贫自守。

十年后，某日，天高云淡，花明景丽。一锦衣华冠、气宇轩昂的男子骑马而来。因见一女子在桑园中采桑，青青绿荫中，背影倩倩，不禁下马而望，渐趋近之，以诗挑逗：

二八谁家女？提篮去采桑。

罗衣挂枝上，风动满园香。

女子蓦然回首。青年惊其绝艳，心颤情摇，放浪而言："小娘子，采桑不如嫁贵郎，你随顺了我吧！"

女子并不理睬，青年复以一锭黄金相诱，女子正色斥责："看你衣冠楚楚，貌似名儒，不想竟是无耻禽兽！"青年自讨无趣，悻悻然，骑马而去。

那青年正是秋胡。回到家门，母亲竟没认出他来，待到说明，母子悲喜交集，真是"相对如梦寐"。秋胡说："儿已官居中大夫之职，鲁君着我衣锦还乡，并赐黄金一锭，奉养老母。"秋胡母亲泣诉，十年光景，辛苦万端，全赖儿媳照料。当问及梅英，母亲说采桑去了。

少时，梅英归来。秋胡一看，正是在桑园被自己调戏的那位女子，不由得羞愧难当，无地自容。梅英愤然嘲之，以一诗掷去：

贞心一片似水清，郎赠黄金妻不应。

假使当时陪笑语，半生谁信守孤灯？

声色俱厉，并欲离异。秋胡追悔自忏，又因母亲调劝，方得谅宥。

王行庵

宋朝简州进士王行庵正行不苟，与表弟沈某比邻而居。沈表弟体格强壮，但素行不良，屡作奸淫之事。王行庵劝诫他："我淫人妻，人淫我妇，报应是很可怕的，你应该改掉这种习惯。"沈表弟听了笑答："谁听说或见着好色的男人都是头顶绿帽、尽作龟儿了？我把家门关紧了，有什么好担心的？"王行庵道："这种不可告人的羞耻事，想掩饰都怕来不及，谁还会说实话？到处去讲？"沈表弟曾暗中指使一名仆妇去引诱王行庵，结果被王行庵严正地拒绝；后来他又找了一名年轻美艳的婢女，朝夕借故亲近，想要找到把柄取笑表兄，但是王行庵依然不为所动，表弟的诡计也就未能得逞。后来沈表弟终于自尝恶果。一天，他外出回家，见到妻子与人苟合，顿时恨彻心脾，想要抓起手边的器具掷击二人，可是手却抬不起来，愣愣地站在一旁。其妻以为丈夫因为自己行为不端，所以心虚不和她计较，于是与人从容尽欢。沈表弟看了气极，却一个字也吐不出来，徒然在旁顿足、瞪眼，一时头晕目眩，大叫一声倒地而亡。王行庵五十岁时，生了一场重病，奄奄一息之际，家人及大夫都以为他活不成了。是夜，家人梦见一位老人说："公之大限，寿仅五十，但公曾两次不犯邪淫，并且遇有机会，即劝人亦不可犯，以此之德，增寿三纪。"次日，家人将梦中老人所说告诉王行庵。王行庵听了，悚然而惊，心想："虚空之鬼神，森森然其鉴我也；头上之三台北斗，赫赫然其临我也；暗室闲居，莫生妄想，勿丧良心，正念须持。"王行庵后来果然寿至八十六岁，目睹子孙俱为富贵。

程彦宾还女

五代时，前蜀国罗城兵马使程彦宾是山东临淄人。一次，他带兵攻打遂宁城，亲自率领一百个敢死将士冒着敌人的箭矢和石块进攻。攻下城后，他的部下抓获到三名少女，都很有姿色。程彦宾于宴上已微醉，回房后告诉三名少女："不用怕！你们三个女娃虽然体态丰盈容貌娇美，但年纪跟我的女儿差不多，我怎么可能侵犯你们？我不做这种缺德事！"于是将三位少女锁在同一屋内，第二天将她们送回各自的父母身边。

这三位少女的父母亲都哭泣着感谢说："祝愿将军早建功业。"程彦宾笑着说："我将来能够无疾而终就心满意足了。"

程彦宾虽醉，却能临美色而不淫，这是平日练就的严正操守。常言道："酒后见真性。"真君子暗室心不亏！

程彦宾的品德和他识得破、忍得过的功夫使他健康到老，九十三岁时告别亲友之后，无疾而逝。

原文

匿怨①而用暗箭，祸延子孙。

【字词注解】

①匿怨：怀恨在心。

【精彩解说】

藏匿怨心而暗箭伤人，祸患就会延及子孙。

【智慧解析】

俗话说冤家宜解不宜结，为人处世应该以和为贵，尽量不和别人产生什么恩怨，万一和别人有了嫌隙，应该能忍则忍，尽量不去招惹他，千万不可暗箭伤人。

拓展阅读

暗箭伤人

春秋时，郑庄公手下有两位大将。一位岁数比较大，办事比较稳重，叫颍考叔；另一位比较年轻，办事比较浮躁，叫公孙子都。这两人都很勇敢，可是公孙子都有一个弱点，总要跟别人攀比，别人一把他比下去，他心里就难受，有点儿嫉贤妒能。

有一回出征，郑庄公让颍考叔当先锋，给了他二十辆战车。公孙子都一看，怎么我这支队伍没有战车呢？他便直接跟颍考叔说："您应该把战车拨给我十辆，因为我这后边也是队伍，我也需要战车呀。""子都，我是先头部队呀。要是我给你十辆战车，先头部队的战斗力就减弱了。先头部队打不好，你这后继部队恐怕也很难取胜。从全局考虑，战车我不能给你。"公孙子都一听很不高兴："同为朝臣，我要十辆战车你都不给吗？"两个人争了起来。最后，郑庄公裁决，颍考叔讲得有道理。公孙子都心里从此就怀恨颍考叔："咱们走着瞧。"

后来，郑国出兵攻打许国。颍考叔带领着郑军第一个冲上了城头，把许国的旗降下来，升上了郑国的旗。公孙子都赶到城下时，晚了一步，一看又被颍考叔比了下去。他心里十分嫉妒，便摘弓抽箭，一箭就把颍考叔从背后给射死了。颍考叔一死，公孙子都冲上城头说："许国的都城是我攻下来的。"就这样，公孙子都班师回朝。郑庄公出来迎接，并且在宫殿里设酒宴给公孙子都庆功。酒宴上，郑庄公问起颍考叔，公孙子都说："颍考叔将军不幸，在前线中箭身亡。"于是，在酒宴之前，众人先给颍考叔默哀，然后才开始饮酒。没想到公孙子都可能是心中愧疚，或者害怕郑庄公发现真相，心理压力太大，突然神智出了问题，端着酒杯说："你们知道我是谁吗？我是颍考叔。"这一下，文武群臣都吓了一跳，难道颍考叔的魂灵附到公孙子都身上了？公孙子都端着酒杯接着说："我是被公孙子都用箭射死的。"他便一边这样胡言乱语，一边冲到高处，跳下去死了。

口蜜腹剑的李林甫

唐玄宗做了二十多年太平天子，渐渐滋长了骄傲怠惰的情绪。他想，天下太平无事，政事有宰相管，边防有将帅守，自己何必为国事操心。于是，他就追求起享乐的生活来。

宰相张九龄看到这种情况，心里挺着急，常常给唐玄宗提意见。

张九龄是唐玄宗时的一代贤相，忠肝义胆，敢作敢为。李林甫一直把张九龄这样的正直之士当成自己往上爬的障碍。

当时，太子李瑛、鄂王李瑶、光王李琚，都因为自己的母亲受冷落而有怨言。驸马都尉杨洄听到后，就去向武惠妃告密，武惠妃马上又告诉了唐玄宗。唐玄宗一听大怒，就找宰相们来商量，准备惩处这三个皇子。张九龄当即表达了反对意见。张九龄说："皇上，您三个儿子养大成人很不容易，一旦失去不可再得。太子是国家的根本，长年生活在宫中，受到陛下您的亲自教导，没人看到太子有什么过错，陛下怎么能因一时的不高兴就将太子废掉呢？臣我可不敢执行您这样的命令。"唐玄宗见张九龄不顺从自己，但又说得在理，虽极不高兴但也无可奈何。当时李林甫也在场，但他什么也不说，等到会一散，他就对宫中的人说："皇上对自己的儿子如何处理，这是皇上的家事，外人有什么资格来说三道四的呢？"这一招既在玄宗面前卖了乖，又从背后给了张九龄一箭。

当时的朔方节度使叫牛仙客，有些政绩，玄宗很喜欢，准备将他提拔到朝中来当宰相。张九龄从大局出发，又表达了反对意见。张九龄说："牛仙客既然担任戍边将领，那么训练军队、储藏粮草，这些都是他的本职工作，他应该做的。他若做得好，陛下奖赏他就行了，但却因此拜相，恐怕不合适，请陛下慎重考虑。"唐玄宗听了张九龄的反对意见，虽不顺耳，却也一时无话可说。李林甫在场，恭恭敬敬，还是一言不发。一下来，他就马上给牛仙客通风报信。牛仙客知道内情后，第二天上朝，就哭着说要让出已有的爵位。牛仙客以退为进的招数果然奏效，唐玄宗又想对牛仙客行实封之命，并让他兼领尚书。张九龄仍表示反对。这一回玄宗发脾气了，铁青着脸问张九龄："难道什么事情都要按你的意见办吗？"张九龄是个硬骨头，皇帝发脾气了，他不管，照样坚持己见。他说："陛下既然让我当这个宰相，那么出现了不合情理的事，我当然要向陛下说明，这些意见也许与圣意不符，我该当死罪。"唐玄宗自然听出这些软中带硬的话，还是不同意升用牛仙客，于是不客气地质问张九龄道："你是不是认为牛仙客无门籍不堪大用，难道你生于门阀世家吗？"张九龄并未被吓倒，仍冷静地回答道："我出身自是低微，而牛仙客是中华之士，但我可是陛下任命的宰相，负责皇上的诏命。牛仙客只是河湟一使典，目不识丁，若委以大任，我看是不合适的。"张九龄在朝廷上和皇帝据理力争时，李林甫装聋作哑，一下来，他马上又活动开了。他私下对唐玄宗说："只要有本事，认不认得字有什么关系呢？皇上要用什么人就用什么人，有什么可不可以的！"他理顺了唐玄宗毛的同时，又给了张九龄狠毒的一箭。

几次这样的冷箭射下来，张九龄最终被阴毒的李林甫赶下了台，李林甫顺利地当上了宰相。

李林甫一当上宰相，第一件事就是要把唐玄宗和百官隔绝，不许大家在玄宗面前提意见。有一次，他把谏官召集起来，宣布说："现在皇上圣明，做臣下的只要按皇上的旨意办事就行，用不着七嘴八舌。你们没看到立仗马吗？它们吃的饲料相当于三品官的待遇，但是哪一匹马要是叫了一声，就被拉出去不用，后悔也来不及了。"

有一个谏官不听李林甫的话，上奏本给唐玄宗提建议，第二天，就接到命令，被降职到外地去做县令。大家知道这是李林甫的意思，以后谁也不敢向玄宗提意见了。

李林甫知道自己在朝廷中的名声不好。凡是大臣中能力比他强的，他就千方百计地把他们排挤掉。他要排挤一个人，表面上不动声色，笑脸相待，却在背地里暗箭伤人。

有一个叫严挺之的官员，被李林甫排挤到外地当刺史。后来，唐玄宗想起他，跟李林甫说："严挺之还在吗？这个人很有才能，还可以用呢。"

李林甫说："陛下既然想念他，我去打听一下。"

退了朝，李林甫连忙把严挺之的弟弟找来，说："你哥哥不是很想回京城见皇上吗，我倒有一个办法。"严挺之的弟弟见李林甫这样关心他哥哥，当然很感激，连忙请教该怎么办。李林甫说："只要叫你哥哥上一道奏章，就说他得了病，请求回京城来看病。"

严挺之接到他弟弟的信，就上了一道奏章，请求回京城看病。李林甫就拿着奏章去见唐玄宗，说："真是太可惜了，严挺之现在得了重病，不能干大事了。"

唐玄宗惋惜地叹了口气，这件事就不了了之了。

天宝元年（742年）三月的一天，风和日丽，玄宗心情舒畅，在勤政楼上垂着帘子，听乐工在楼下演奏乐曲。帘子的作用就是，里面的人可以看见外面，外面的人却看不见里面。过了一会儿，兵部侍郎卢绚骑着一匹白马路过勤政楼。眼看挂着帘子，卢绚还以为皇帝不在呢，就没有下马，只是把马鞭垂下，就从楼下缓缓地走过去了。要知道，卢绚出身于范阳卢氏大族，骨子里就有贵族的优雅气质，人长得清俊风流。唐玄宗一看，简直惊为天人，对着身边的宦官连连赞叹，这不活脱脱是张九龄再世吗！李林甫早就花重金把玄宗身边的人都买通了，所以，这句话也立刻就传到李林甫的耳朵里了。李林甫一听那个气呀，这张九龄怎么就阴魂不散呢，又附体到卢绚身上了！怎么对付卢绚啊？李林甫找到了卢绚的儿子，一番嘘寒问暖之后，他对卢公子说："令尊素有清望，如今交州和广州一带缺乏有才干的官员，圣上打算派他去呢！"卢绚的儿子一听就傻眼了，交州和广州，那不都是岭南瘴疠之地吗？父亲都六十岁的人了，难保有去有回啊！一看卢公子面有难色，李林甫说了："如果怕去偏远的地方，就是违抗圣命，难免要被降职啊。依我看，还不如以年纪大为由，主动请求调任太子宾客或太子詹事之类的职务，去东都洛阳就任。这也不失为优礼贤者的办法，你看怎样？"这些话说得卢公子连连点头。第二天，卢绚果然上奏章，要求去当太子宾客或太子詹事之类的闲职。

李林甫与人交往时，总是表现出一副和蔼可亲的样子，嘴里说的都是些动听的话，心里却琢磨着怎么害人。有一次，他假装诚恳地对同僚李适之说："华山出产黄金，若能开采出来，就可大大丰富国库，可惜皇上还不知道。"李适之信以为真，赶忙跑去建议玄宗开采华山矿藏。玄宗听了非常高兴，就招李林甫前来商议。李林甫却说："我早知此事，华山是历代帝王的'风水宝地'，怎么能随便开采呢？别人劝您开采，恐怕是不怀好意。"唐玄宗又一次被李林甫蒙蔽了，还认为他是忠臣，于是逐渐疏远了李适之。李林甫就这样排挤了许多有才之士，使朝中忠臣良将越来越少，因此百姓称李林甫"口有蜜，腹有剑"。

李林甫的政治权术，可谓登峰造极，他决心扳倒的政敌，不管是饱学才士，还是边塞节度使，不论是敦厚长者，还是尊贵如宗室，没人能逃出他的算计。这些人即使被弄得焦头烂额，甚至连身家性命都送掉了，也不知道是他暗地使坏，因为他越是想整倒某人，就越是极尽恭维之能事。

李林甫死后，玄宗终于认清其真面目，按庶人仪式埋葬，削夺李林甫官爵。欧阳修编《新唐书》时，把他列入《奸臣传》。

宽容大度的王旦

宋真宗时王旦累升至枢密院，又任宰相，晋封太保。他受朝廷重用，居相位虽久，但凡事不固执己见，受人毁谤不与计较，军国大事都参与决策，常为国家荐引贤才，却不让那人知道。

王旦任宰相时，寇准屡次在皇上面前说王旦的短处，然而王旦却极力称赞寇准的长处。有一天，真宗笑着对王旦说："卿虽然常称赞寇准的长处，但是寇准却专说卿的短处呢！"王旦回答说："臣居相位参与国政年久，必然难免有许多缺失，寇准事奉陛下无所隐瞒，由此更见寇准的忠直，臣所以一再保荐。"真宗由此更赏识王旦。寇准任枢密院直学士时，王旦在中书有事送枢密院，偶尔不合诏令格式，寇准便上奏皇帝，王旦因而受到责问，但是王旦并不介意，只是再拜谢过而已。不到一个月，枢密院有事送中书，也不合诏令格式，堂吏发现后很高兴地呈给王旦，认为这下逮到机会了，可是王旦却命送回枢密院更正，并不上奏。寇准大为惭愧，见王旦说："同年怎么有这样大的度量呢？"王旦不答。

当寇准被免去枢密直学士职位后，曾私下求王旦提拔他为相，王旦惊异地回答说："国家将相重任，怎可用求呢？"准心中很不愉快。其后皇上果然授予寇准节度使同平章事。寇准入朝拜谢说："臣若不是承蒙陛下知遇提拔，哪有今日？"皇上便将王旦一再推荐之事告知，寇准非常惭愧，自觉德量远不及王旦。后来寇准不负王旦，成为宋朝贤相。

当时有位卢某，深夜送黄金百两求王旦提拔其为江淮盐运使，王旦正色推辞说："你的才能，不可担当这个职务，我哪敢私受贿赂而废弃公道呢？"

薛奎出任江淮转运使，将赴任前，来向王旦辞行，王旦不谈其他，只说："东南地方，民生非常困苦啊。"奎退出后说："听宰相的话，可见他时刻都在关怀百姓啊！"

王旦居家，未曾发过脾气，家人要试验他，在他食用的肉羹内投入灰尘，王旦只吃饭而已，家人问他何以不吃肉羹，旦说："偶尔不想吃肉。"其后将饭也弄脏，王旦也不责问，只说："今天不想吃饭，可以另外弄些稀饭来。"王旦家中不购置田宅，说："子孙应当自立，何必购置田宅，田宅会让子孙因争财而做出不义之事！"且临终时召集子弟到跟前嘱咐说："我们家世清白，不要遗忘往日槐庭荫德，今后大家应当守持勤俭朴素的美德，共同保持我王家的门楣。我死后，可为我削发，披穿缁衣，依照僧道例殓葬即可。"说完便瞑目而逝。宋真宗临丧哀恸，追赠王旦为尚书令魏国公，赐谥号文正。

家门和顺,虽饔①飧②不继,亦有余欢。

【字词注解】

①饔(yōng):早饭。
②飧(sūn):晚饭。

【精彩解说】

如果家中人人关系融洽,即使是吃不上饭,也有其他值得高兴的事情。

【智慧解析】

一家人只要生活得和和睦睦,开开心心,即使上顿不接下顿,也会有家庭的欢乐,有天伦之乐。俗话说:"家和万事兴。"家庭和睦了,苦一点儿也算不了什么。如果家庭不和睦,兄弟之间互相争斗,即使家庭再富足,家里人也不会感觉幸福。

拓展阅读

郑庄公黄泉见母

郑国国君郑武公为人有主见,比较开明。他有两个儿子,长子叫寤生,次子叫段。郑武公对两个儿子都很喜欢,长子寤生为人忠厚、孝顺、知礼节,而小儿子却有一些顽皮,生性爱玩。但是他们的母亲武姜却只喜欢段,讨厌寤生。原因很简单,她生寤生时难产,险些丢了性命,因此怪罪于长子寤生。

武姜心胸狭窄,而且偏心。由于讨厌寤生,她总想让小儿子将来继承王位，所以经常在郑武公面前夸小儿子如何如何聪明，志向如何如何远大，言外之意让郑武公立次子为世子。郑武公为人有主见，不轻易听信别人的话，他知道夫人偏心，便按照祖先留下的规矩立了长子寤生为世子，而只把共城这个不起眼的城封给了段。

后来郑武公去世，去世前他对长子寤生说："儿啊，你母亲偏心于你弟弟，你不可不防备他们。但也不能太过分，因为他们毕竟是你母亲和亲弟弟。"寤生牢记父亲的教导。

寤生当了国君，就是历史上的郑庄公。这一来可气坏了武姜和弟弟段。他们的如意算盘落空之后，武姜不甘心，觉得小儿子段没有权势，就想让寤生把制邑（今河南省荥阳）封给段。制邑是军事重地，父亲在世时，不止一次和寤生讲过这里的重要性。于是郑庄公拒绝了母亲的要求，说父亲说过绝不能分封制邑。武姜一看郑庄公不听话，十分生气，对郑庄公说："生你险些丢了我的命，如今你长大成人了，当了国君了，就不认我了。"

郑庄公心里十分难过，郑庄公是个大孝子，不想惹母亲生气，可又没办法。

武姜并不死心，她又提出让郑庄公把京城封给段。郑庄公知道京城是郑国的要地，也不能分封，但若是不答应母亲，母亲定会更生气，只好同意了母亲的要求。

大夫祭足知道此事后，劝阻郑庄公说，京城如若分封，就等于国中建国，国家将一分为二。况且共叔段为人心术不正，如果他依仗太夫人的势力发展壮大自己的力量，恐怕对庄公要构成很大威胁，对郑国也十分不利，请郑庄公三思而后行。郑庄公也知道后果的严重性，但已答应了母亲，没法收回自己的允诺，否则母亲又要生气。

小儿子段果然居心不良，仗着母亲的宠爱，为所欲为。他到京城后立即招兵买马，积草屯粮，做好准备，想等到兵精粮足之时，取代寤生做国君。段进了京城后，人们改称他为太叔段。

太叔段的势力在短时间内迅速向四面扩大，直到京城北部和西部。这些地方本来归地方官管辖，但是地方官哪里敢得罪他，只好忍气吞声，听从太叔段的命令。

太叔段一看庄公对他不闻不问，更加胆大，在京城继续招兵买马。一次他竟以打猎为借口，夺取了廪延（今河南延津东北）等地。

郑庄公知道此事后，十分生气，但一想若是把弟弟灭了，母亲必定会生气，只好装成若无其事的样子，这可急坏了公子吕。公子吕很担心太叔段会得寸进尺，迟早有一日会举兵攻打郑庄公，于是便提醒郑庄公采取措施。郑庄公也没有办法，打也不是，不打也不是，叹了口气道："随他去吧。"

祭足是位忠臣，才智过人，他也很担心太叔段反叛。他对公子吕说："主公一定知道太叔段的目的，但是有些事，他没法说明，不过我们可以助主公一臂之力。"

公子吕如梦方醒，到了晚上，公子吕又去见郑庄公。郑庄公说："太叔段眼里早已没有我这个君王，在我眼皮底下胡作非为。如今他是在向我示威，但还不是叛乱。如果现在攻打他，还为时过早，母亲怪罪下来，我也没有办法，要落个不孝之名。所以我要等他叛乱时才采取行动。"

公子吕明白了郑庄公的心思，知道郑庄公早有防患之心，心里的一块石头落了地。公子吕对郑庄公说："我们不如先施一计，看他有无造反之心，如果没有，大可不必理会他，如果有就将他铲除。"

第二天，朝廷传出郑庄公要出巡很长时间的消息。武姜得知后，心里十分高兴。早想让太叔段继位的她觉得这是一个千载难逢的好机会，她马上派人把自己写的密信送给太叔段。信在半路上被公子吕截住，交给了郑庄公。郑庄公一看是母亲写给太叔段的，定于五月初五，里应外合，准备推翻郑庄公。郑庄公看过信之后，命人重新封好，另派了一个亲信把信交给了太叔段。太叔段接到信一看，是母亲写的，马上回信，约定五月初五袭取郑都，推翻郑庄公，自己登位。太叔段把回信交给了送信的使者，使者把信交给了郑庄公。郑庄公拆开信一看，果不出所料，太叔段早有造反之心，心想：何不利用此时，将其打败。于是郑庄公带领军队悄悄地去了廪延。公子吕也调拨了二百多辆战车，埋伏在京城附近，等待太叔段出城。

太叔段于五月初五带兵前来，刚一到城外便得知京城失守。原来郑庄公早已派十辆兵车假扮商人混入城中。太叔段五月初五这天带领全部人马出城直奔郑都。他刚一走，混进京城的士兵立即抢占城门，杀死了守城的将士。公子吕不费吹灰之力占领了京城，并出榜安民，对百姓秋毫无犯，百姓非常拥护郑庄公。

太叔段看着自己所剩无几的人马，望了望廪延，廪延早已被郑庄公占领，走投无路的太叔段拔剑自杀。郑庄公将武姜写的信和太叔段的回信放在一起，让祭足交给武姜，并转告武姜说郑庄公一辈子都不想和她见面了，除非到了黄泉之下。

武姜见到信，知道事情已败露，又得知小儿子已自杀，顿时傻了眼。当她得知郑庄公再也不想见她了，不禁泪流满面，也觉得对不起郑庄公。郑庄公派祭足把武姜安排到了颍地。

郑庄公是个孝子，时间一长，渐渐忘了母亲的不好，十分想见武姜。可他发过誓再不见母亲，作为一国国君，君无戏言，郑庄公很矛盾。

颍地的地方官颍考叔，为人忠孝，而且智谋高，他决心劝谏郑庄公。郑庄公一见颍考叔，得知他是一个好官，便留他一起吃饭，以示慰问。两个人谈得很投机，郑庄公高兴之余，把羊肉赐给了他。而颍考叔将羊腿包起来放在一边。郑庄公不知何意，问其因。颍考叔说：

"我家贫穷,母亲常常吃不到肉,主公赐给我的好肉我怎么舍得吃呢?我母年事已高,吃不了几年肉了,我想把肉带给母亲。"郑庄公听了此话,心感惭愧,不禁想起了母亲。弟弟已死,母亲身边没有一个亲人,自己也不忍心啊!想着想着,郑庄公不禁落泪。颍考叔知道郑庄公是在想念母亲,可他故意装作不知道,问郑庄公为什么落泪。郑庄公也不再隐瞒,把内心的矛盾说给颍考叔听。

颍考叔沉思片刻,对郑庄公说:"主公,我有一个办法可以两全其美,既不违背你的誓言,又可以见到你母亲。"郑庄公一听,止住哭声,忙问道:"什么办法快快讲来。"颍考叔答道:"黄泉就是地下泉水,不是只有死人才可以见到黄泉。您可以挖一个地道,在挖出泉水的地方建一座地宫,到时候您便可以把您母亲请出来。"

郑庄公听了非常高兴,又赏给了颍考叔一些羊肉,颍考叔说:"主公,我就是想给您办妥此事才专程从颍地赶来的。"郑庄公一听十分感动。他将此事交给颍考叔去办。颍考叔几天就把事情办好了。颍考叔先把武姜接到地宫,又派人去请郑庄公。

郑庄公来到地宫,见母亲苍老了许多,立即跪倒在母亲面前说道:"孩儿不孝,请母亲恕罪。"武姜又惭愧又感动,扶起儿子,母子俩抱头大哭。自此,郑庄公又把武姜接到了宫中,侍候母亲。

兄贤弟明

陈世恩,夏邑人,明朝万历年间进士。

世恩在家排行第二,上有一个哥哥,素有孝行,德才兼具,得到乡里的敬重。下有一个小弟,年少轻狂,不爱念书,整日在外游荡嬉戏,早出晚归。大哥对小弟的行为非常生气,常常疾言厉色地规劝,但是小弟并不受教,依然我行我素。世恩劝哥哥说:"这么做不但没什么效果,反而会伤了兄弟之情啊!"

于是世恩每天晚上守在门外，等小弟回来了，才把大门锁上，还不时地嘘寒问暖，没有一点儿不悦的神色。

经过一段时间，小弟终于被世恩的真情感动，幡然悔悟，再也不晚归了。

当陈世恩考中进士，显贵发达时，大哥已经过世了。有一天，大哥偏房的弟弟吴三来家中探望姐姐。吴三是个粗人，穿着邋遢破旧，但陈世恩并不介意，仍视吴三为贵客，邀请他上座共食。

这时正好小弟回来，看到这种情形，便将世恩拉至一旁说："请他吃饭在哪儿坐都可以啊！何必要让他上桌坐在客位上呢？"世恩回答："庶嫂没生一男半女，年纪轻轻就为大哥守寡至今，她严守本分，不愿再嫁，我非常敬佩她的德行，自然对她的弟弟也有所敬重，和他同桌吃饭，又有什么关系呢！"小弟听了，对陈世恩更加佩服。

士选让产

五代张士选，幼年时就失去了父母，由叔叔养育教诲。直到张士选十七岁的时候，他祖父遗留的家产很多还没有分过，他的叔叔就对士选说："现在把你祖父留下的家产分为两份，我和你各得一份。"可是张士选说："叔叔你有七个儿子，应当把家产分为八份才好。"叔叔不肯，极力主张分两等份，然而张士选看到叔叔这样坚持，就更加礼让。最后叔叔没办法就答应了，把所有的财产分成八等份。

张士选十七岁，就被推荐到京城参加考试，同时被推荐参加考试的有二十九位。有位精通相学的术士指着张士选说："今年高中状元的，就是这位少年啊！"同辈的人听到了，都大笑不已，并且反驳相士。相士说："做文章这件事情，不是我所能够了解的，但是这位少年，他满脸都充满着积了大阴德的气象，这一定是他做了大善事的缘故，所以我才敢断定他今年必定高中状元啊！"果然张士选考中了，名传金殿。

现在为了争财产而不顾手足情的人，实在是太多了。亲兄弟都如此，何况是同父异母的兄弟，那就更严重啦！若是堂兄弟间分财产，那么关系就会愈来愈远了。有谁能够像张士选一样呢？

少娣贤惠

苏少娣是苏家最小的一个儿媳妇，娘家姓崔。苏家共有兄弟五人，她进门时已有四人娶妻。四房媳妇各有奴婢，由于她们听信奴婢的闲话，每天都发生争吵，甚至到了快要动刀的地步。少娣刚出嫁时，娘家人都很担忧。少娣说："木、石、鸟、兽，我没有办法去相处，天底下哪有不能相处的人呢？"她对四个嫂嫂非常恭敬，嫂嫂缺少什么东西时，她就说："我有。"并马上派人送去。婆母叫嫂嫂们做事，四个人你看我我看你，没有一个答应去，少娣说："我是后来的，应该做一点儿事，我去。"她娘家如果有果品送来，她一定把四个哥哥的孩子叫来，分给他们，还送给四个嫂嫂。嫂嫂没有吃，她不会先吃。如果嫂嫂间互相传闲话，少娣总是笑而不答。

若是自己的奴婢拿嫂嫂对自己不满的话来告状，少娣就先把奴婢打一顿，接着自己去向嫂嫂道歉，说自己做得不够好。有一次，她刚穿好锦缎新衣，去抱侄儿，正好孩子撒尿，嫂嫂急忙要接，少娣说："不急，小心惊吓了孩子。"完全没有一点儿可惜新衣服的意思。过了一年多，四个嫂嫂都说："五婶太贤惠了，与她相比，自己真不是人了！咱们年龄大的反被她笑话。"从此妯娌间和睦相处，不再有怨言。

> 原文
>
> 国课早完，即囊橐①无余，自得至乐。

● 【字词注解】

①囊（náng）橐（tuó）：口袋。

● 【精彩解说】

不欠国家的租税，即使口袋里面没有什么钱，也自得其乐。

● 【智慧解析】

"国课"指的是百姓应当上缴给国家的租税。完成国家的钱粮课赋，不欠租税，即使口袋里没有盈余，身无分文，自己也能自得其乐。这句话的要旨是告诉我们人人要为建设营造一个和顺欢乐的家庭出力，同时更不能忘记我们的大家——国家，时刻要想着回报国家，报效祖国，要有为国家服务的争先意识。这句话还说明了一个道理，就是不可亏欠别人，不仅是国家，对于朋友亲戚也尽量不要亏欠财物。

拓展阅读

岳飞精忠报国

八百多年来，岳飞精忠报国的动人故事，一直在我国民间广为流传。

岳飞（1103—1142年）出生于河南省汤阴县一个贫苦农家。据说岳飞呱呱坠地的那天傍晚，刚巧一只大鸟从屋顶上飞鸣而过。父亲岳和便给他取名叫"飞"。

由于家境清贫，岳飞小小年纪就得打柴割草，还要帮助父母下地耕作。在艰辛的劳动中，岳飞练就了一副强健的体魄，并学得一手好箭法和一身好武艺。岳飞的青年时代，是在国家内忧外患之中度过的。宋朝统治者纵情享乐，长期生息在我国东北的女真族勃然而起，建立了金政权。1127年金军攻陷宋都城汴京，北宋宣告灭亡。

岳飞二十岁那年，这个饱读兵书、谙熟武艺、身强力壮的年轻人，盼望有一天能够投身疆场，为国家报仇雪耻。当招募"敢战士"的消息传来时，他报名参军。就在他走上战场的前夕，深明大义的母亲，特意在他背上刺下"精忠报国"四个大字，嘱咐他一生一世都要为国家和民族的利益而奋勇杀敌，决不吝惜自己的生命。

岳飞参军后，一直坚持战斗在抗金的最前线，为挽救民族的危亡而英勇杀敌。他率领的岳家军不畏强敌，独当一面，先后六次与金兵交锋，获得全胜，岳家军声威大震。而赵构却重用主和派代表黄潜善、汪伯彦等人。为了拯救沦陷在敌占区的苦难同胞，把敌人驱逐出境，岳飞不顾自己位卑言轻，上书给皇帝赵构，坚决反对继续向南逃跑，力谏赵构返回汴京，亲率六军北渡黄河，这样将帅一心，一定可以收复中原。这道奏疏进呈后，触怒了赵构和黄、汪这些妥协投降派。他们以"小臣越职，非所宜言"的罪名，把岳飞的官职革掉了。闲居三个月后，岳飞难以压抑心中报效国家的强烈意愿，投奔河北路招抚使张所。岳飞慷慨陈词，决心以身许国，消灭敌人，恢复故疆，以报答父老乡亲。从此，岳飞又转战在抗金的战场上，而且越战越勇，"岳家军"的旗帜成了抗金力量的象征。金兵统帅不得不惊呼："撼山易，撼岳家军难！"

1140年，正当岳飞奋勇前进，胜利在望的时候，赵构和宰相秦桧却害怕岳家军强大起来之后，成为南宋政权的威胁。因此，不惜出卖民族利益，以"孤军不可久留"为借口，在一天之内连下十二道金牌，强令岳飞退兵。岳飞对此极为悲愤，长叹道："十年之功，废于一旦！"岳飞退兵时，中原人民拦住军马，哭声盈野，岳飞也潸然泪下。

岳飞回到临安后，赵构和秦桧为了向金兵求和，诬陷他唆使部下谋反，以"莫须有"的罪名把岳飞送进监狱。绍兴十一年十二月二十九日（1142年1月27日），岳飞和他儿子岳云、部将张宪等一同被害，当时岳飞年仅三十九岁。临刑前，他奋笔疾书，写下"天日昭昭，天日昭昭"八个大字，意思是"老天有眼啊，老天有眼啊！"岳飞被害后，南宋与金人订立了可耻的绍兴和议，向金朝称臣纳贡，大片国土沦于金人之手。

岳飞虽然惨遭杀害，但他的精神和光辉业绩，深深地铭刻在人们心中；而奸臣秦桧等人，却被铸成铁像，反剪双手，长跪于英雄墓前，被万世唾骂！

舍生取义，视死如归

何刚，字悫人，明朝官员，上海人。崇祯三年（1630年）中了举人，当时明朝已接近灭亡，内忧外患，天下大乱。何刚怀着匡世之志，投笔从戎，曾经上书朝廷，力陈戡乱之策，以治兵为先。但为时已晚，后来广交天下豪俊，募兵金华，准备北上保卫京城，因京城陷落而返回家乡。

山海关守将吴三桂叛变，带领清兵入关。清兵大规模南下，势如破竹，官员大都逃亡，何刚毅然北上抗清，紧急招募两千士兵投奔当时兵部尚书史可法帐下。史可法很高兴在危难的情况下能得到何刚的帮助，大大地增强了誓死守卫扬州、抗击清兵的信心。

当时十五万清兵在豫亲王多铎的带领下，陆续开到扬州，把扬州新旧两城围得水泄不通，而城内明军只有一万多人，敌我悬殊的形势吓坏了一些软骨头的将领，李栖凤、高岐凤二将夜间带领所属的部下逃出城外，投降了清营，这一哗变使守城兵力减少了一半，形势更趋严峻。但是史可法、何刚及扬州城内的军民并没有被强大的清军吓倒，毫不示弱，勇敢地投入扬州保卫战。

南明朝中奸臣马士英不满史可法与何刚等主战派，下令何刚出任贵州遵义知府，企图分散主战派的力量。史可法见到这一命令，垂泪对何刚说："你若这时离开，我还有谁可依靠呢？"何刚也哭泣回答说："请阁下放心，我一定留下与扬州城共存亡。"何刚没有为个人着想，远走高飞，而是选择为国家、为民族尽忠。他与史可法一同下了军令："上阵不利，守城；守城不利，巷战；巷战不利，短接；短接不利，自尽。"

南明弘光元年（1645年）四月二十五日，人多势众的清军从四面八方发起攻击，依仗重炮的威力，将西门城墙轰开缺口，何刚与守城军民不等令下，就奔向缺口挺身迎敌，展开一场肉搏战，一次又一次把清兵杀下去。城墙的缺口越来越多，城下的尸体堆积得越来越高，清兵借着同伴的尸体登上城头，他们蜂拥扑上来，最终西门被首先攻破。何刚见大势已去，不愿被抓当俘虏，故投井而死。史可法身陷敌围，被俘惨遭肢解，两人同殉国难。民族英雄史可法和何刚英勇抗清，视死如归，与扬州城共存亡，为国尽忠的事迹，将永远留在人们的心中。

弃文从军，为国尽忠

汉光武帝建立东汉以后，请大学问家班彪整理西汉的历史。班彪有两个儿子分别叫班固、班超，一个女儿叫班昭，他们从小都跟父亲学习文学和历史。

班彪死了以后，汉明帝叫班固做兰台令史，继续完成他父亲所编写的历史书籍《汉书》。班超跟着他哥哥做抄写工作。哥儿俩都很有学问，可是性情却不一样。班固喜欢研究百家学说，专心写《汉书》。可班超不愿意总伏在案头写东西。他听到匈奴不断侵扰边疆，掠夺居民和牲口的消息，就扔了笔，气愤地说："大丈夫应当像张骞那样到塞外去立功，怎么能老死在书房里呢？！"就这样，他决心抛弃案头工作去从军。

公元73年，大将军窦固出兵攻打匈奴，班超在他手下担任代理司马，立了战功。

窦固为了抵抗匈奴，想采用汉武帝的办法，派人联络西域各国，共同对付匈奴。他赏识班超的才干，派班超担任使者到西域去。

班超带着随从人员三十六人先到了鄯善。鄯善原来是归附匈奴的，因匈奴逼他们纳税进贡，勒索财物，鄯善王很不满意。但是这几十年来，汉朝无暇顾及西域，他只好勉强听从匈奴的命令，这次看到汉朝派了使者来，他就殷勤地招待他们。

过了几天，班超发现鄯善王对待他们忽然冷淡起来。他起了疑心，对随从人员说："你们看得出来吗？鄯善王对待咱们跟前几天不一样，我猜想一定是匈奴的使者到了这儿。"

话虽这样说，毕竟只是一种猜测。刚巧鄯善王的仆人送酒食来，班超佯装早就知道的样子说："匈奴的使者已经来了几天？住在什么地方？"

鄯善王和匈奴使者打交道，本来是瞒着班超的。那个仆人被班超一吓，以为班超已知道这件事，只好老实回答说："来了三天了，他们住的地方离这儿三十里地。"

班超把那个仆人扣留起来，立刻召集三十六个随从人员，对他们说："大家跟我一起来到西域，无非是想立功报国。现在匈奴使者才到几天，鄯善王的态度就变了。要是他把我们抓起来送给匈奴人，连我们的尸骨也不能回乡了。你们看怎么办？"

大家都说："现在情况危急，死活全凭你啦！"

班超说："大丈夫不进老虎洞，怎能掏得到小老虎？现在只有一个办法，趁着黑夜，到匈奴的帐篷周围，一面放火，一面进攻。他们不知道咱们有多少人马，一定惊慌。只要杀了匈奴的使者，事情就好办了。"

大家说："好，就这样拼一拼吧！"

到了半夜里，班超率领三十六个随从偷袭匈奴的帐篷。那天晚上，正巧刮大风。班超吩咐十个随从拿着鼓躲在匈奴的帐篷后面，二十个随从埋伏在帐篷前面，自己跟其余六个随从顺风放火。火一烧起来，十个人同时擂鼓、呐喊，其余二十个人大喊大叫地杀进帐篷。

匈奴人从梦里惊醒，到处乱窜。班超打头冲进帐篷，其余的人跟着班超杀进去，杀了匈奴使者和三十多个随从，把所有帐篷都烧了。

班超回到自己的营房里，天刚发白。班超请鄯善王过来，鄯善王看到匈奴的使者已被班超杀了，就表示愿意服从汉朝的命令。

班超回到京城，汉明帝提拔班超做军司马，又派他到于阗去。明帝叫他多带点儿人马，班超说："于阗国家大，路程又远，就是多带几百人去，也不顶事。如果遇到什么意外，人多反而添麻烦。"

结果，班超还是带了原来的三十六个人到于阗去。

于阗王见班超带的人少，接见的时候，并不怎么热情。班超劝他脱离匈奴，跟汉朝交好。他犹豫不决，就找巫师向神请示。

那个巫师本来反对于阗王跟汉朝交好，他装神弄鬼，对于阗王说："你为什么要结交汉朝？汉朝使者那匹浅黑色的马还不错，可以牵来给我。"

于阗王派国相向班超讨马。班超说："可以，叫巫师自己来牵吧。"

那个巫师得意扬扬地到班超那儿取马。班超也不跟他多说，立刻拔出刀把他斩了。接着，他提了巫师的头去见于阗王，说："你要是再勾结匈奴，这巫师就是你的榜样。"

于阗王早就听说班超的威名，看到这个场面，吓得腿软了，说："愿意跟汉朝交好。"

鄯善、于阗是西域的主要国家，它们与汉朝交好，别的西域国像龟兹、疏勒等也都跟汉朝交好了。

> **原文**
>
> 读书志在圣贤，非徒①科第。

【字词注解】

①徒：仅仅，只是。

【精彩解说】

读书是以学习圣贤为志向的，不是仅仅为了科举及第。

【智慧解析】

这句话拿到现在来说就是我们上学读书不是为了考上一所好的大学，也不是为了将来找一个好工作挣多少钱，读书应该是为了向先贤们学习。现在我们读书应该是为了报效国家，为国出力。为了研究学术，将自己热衷的学问发扬光大，为社会做出贡献，这才是读书应该抱有的目的。

拓展阅读

郑玄志不在为官

郑玄，东汉人。他自少年时就一心向学，确立了学习经学的志向，终日沉湎于书卷中，孜孜以求。他不尚虚荣，天性务实。郑玄游学十几年，走遍了各地，连经学大师马融都自叹不如，成了全国著名的经学大师。他著述丰赡，弟子众多，在当时有相当高的声望。

当政者对郑玄的大名早有所闻，于是争相推荐他入朝担任要职。但郑玄求名而不求官，羞与外戚为伍，不愿涉足仕途，乃屡拒征辟，一心一意从事著书讲学的学术工作。灵帝中平二年（185年），执掌朝廷权柄的外戚大将军何进为了笼络人心，首先征辟郑玄入朝为官。州郡官吏胁迫郑玄起行，郑玄不得已，只好入朝去见何进。何进为表示礼贤下士，对郑玄礼敬有加，设几杖之礼以待之。郑玄为保其名士节操，拒不穿朝服，只穿普通儒者的便服与何进相见。仅隔了一夜，郑玄未等授予官职就逃走了。

郑玄以其毕生精力注释儒家经典，使经学得到了空前发展，是一位名副其实的经学大师。从唐代起，其所注的《诗》、"三礼"即被视为儒家经典的标准注本，收入"九经"。宋代又把它列入"十三经"注疏，长期作为官方教材。直到今天，这些仍是经典的权威注本。

曾国藩家书讲读书真谛

◎读书不为功名

孔子的孙子孔伋和南宋的教育家、哲学家朱熹都说，学习就像煮肉，先要用猛火煮，然后用慢火温；用功就像打井，打了好多口井都见不到水，哪比得上坚持挖一口井，力求挖出水来，而且水多得用之不尽呢？我们读书要注重两件事。一是培养自身的美德，探究诚实、正直、修身、齐家的道理，以求对得起生身父母。二是增进学业，在学好书本知识方面下功夫，以求自我保护。科举功名是当官享受俸禄的阶梯，但也不能荒废了学业，将来当了官，不至于占着位子不干工作白吃饭，这样得来功名才觉得不惭愧。能不能谋到饭吃，命运的通达与否由天主宰，官职的得到与失去由别人主宰，学业的精通与不精通完全由自己主宰。然而，我从来没有见过学业确实精通而最终没有饭吃的人。农民如果努力耕作，虽然有灾荒的年景，但总有丰收的年景。商人如果囤积了货物，虽然有时滞销，但总有畅销的时候。读书人如果真的精通学业，怎么能断定他会始终得不到科举功名呢？即使最终得不到科举功名，又怎么会没有别的途径可以谋生呢？如此就只需担心自己的学业精不精了。追求学业精通没有别的办法，只有一个"专"字而已。俗话说"艺多不养身"，指的就是不专。我挖的井很多却没有水喝，这是因为不专，弟弟们一定要力求在学业上专一。千万不可同时从事多种学业，几样事都同时用功，这样就会没有专长。我殷切地嘱咐你们，千万要注意这个问题。

◎ 读书要心无杂念

我仔细观察，凡是天下官宦人家，大多数一代之后就家道中落了。他们的子孙最初骄奢淫逸，后来又放荡不羁，最后身填沟壑，能够延续一两代的人家实在太少见了；商贾人家，勤俭的能延续三四代；耕读人家，谨慎淳朴的能延续六七代；孝悌人家，就可以绵延十代八代人。我现在靠着祖宗积的德，年龄不大却位居高官，生怕这种情况不能延续，所以教导各位兄弟和儿子们，宁愿成为耕读孝悌的人家，也不要成为仕宦人家。各位兄弟读书不能不多读，用功也不能不勤奋，千万不能为应试科举做官而心生杂念。如果不能够看透这一层道理，即使科举考试时高中了，仕宦显赫，最后也不能算是祖父的贤肖子孙，算不上是我们家的有功之人。如果能看透这层道理，那我就十分钦佩。

郑板桥教子读书

郑板桥是清代著名的书画家、诗人。他的诗、画、书法皆享有很高的声望，被人称为"三绝"。

郑板桥名燮，字克柔，号板桥，晚年署作板桥老人，江苏兴化人。三岁丧母，生活贫困。五十岁以前，读书、教书、卖画。乾隆七年（1742年）考中进士。在山东潍县、范县（今属河南）做了十二年知县。他勤于政事，政绩显著。后因荒年主张赈济饥民而得罪官绅，六十一岁，辞官回到家乡，以卖画为生。

他到五十二岁时才有儿子，起名小宝。他十分喜欢小宝。为了把儿子培养成有用的人才，他非常注意教育方法。

郑板桥被派到山东潍县去做知县，将小宝留在家里，让妻子及堂弟郑墨照管。郑板桥看到当时富贵人家子弟娇生惯养，担心自己的儿子被娇惯而变坏，他身在山东，而心念在家的儿子。他认为把儿子小宝委托堂弟郑墨帮助照管，比自己照管更娇惯儿子，所以，他不断写诗寄回家中让小宝读。为了教育儿子"明好人之理""爱天下农夫"，郑板桥抄录了能让小宝且念且唱、顺口好读的四首五言绝句：

锄禾日当午，汗滴禾下土。
谁知盘中餐，粒粒皆辛苦。

昨日入城市，归来泪满巾。
遍身罗绮者，不是养蚕人。

二月卖新丝，五月粜新谷。
医得眼前疮，剜却心头肉。

九九八十一，穷汉受罪毕。
才得放脚眠，蚊虫跳蚤出。

小宝在母亲的带领下，一遍又一遍地背诵这些诗句，从而明白了许多人生的哲理。

"娇子如杀子"，这是多少人用血泪换取的经验教训。当郑板桥听说在家的小宝常常向孩子们夸耀："我爹在外面做大官！"有时还欺侮用人家的孩子，郑板桥立即写信给堂弟郑墨说："我五十二岁才得一子，岂有不爱之理！然爱之必以其道。"必定要有爱子的办法。"以其道"是真爱，"不以其道"是溺爱，溺爱不是真正的爱。所以，他要堂弟和家人对小宝严加管教，注意"长其忠厚之情，驱其残忍之性"。堂弟和家人按照郑板桥的意愿对孩子进行教育，收效很大，就给郑板桥写了封信，讲了孩子的长进，并说，照此下去，长大之后准是个有出息的人，能像你一样，当个官儿。郑板桥看了这封信后，觉得堂弟太姑息小宝了，这样做对孩子并没有什么好处。于是，他立即给堂弟郑墨复信说：我们这些人，"一捧书本，便想中举、中进士、做官，如何攫取金钱、造大房屋、多置田产。起手便走错了路，后来越做越坏，总没个好结果"。他还说："读书中举、中进士、做官，此是小事，第一要紧的是明理做好人。"这里所说的好人，是指品德修养高尚的人，是有益于社会的人。

小宝六岁以后，郑板桥就把小宝带在自己身边，他亲自教儿子读书，要求每天必须背诵一定数量的诗文，并且经常给小宝讲述吃饭穿衣的艰难，并让他干些力所能及的家务劳动。学洗碗，必须洗干净。到小宝十二岁时，他又叫儿子用小桶挑水，天热天冷都要挑满家里的水缸，不能间断。由于父亲言传身教，小宝的进步很快。当时潍县灾荒十分严重，郑板桥一向清贫，家里也未多存一粒粮食。一天小宝哭着说："母亲，我肚子饿！"母亲将一个用玉米面做的窝头塞在小宝手里说："这是你爹中午省下的，快拿去吃吧！"小宝蹦跳着走到门外，高高兴兴地吃着窝头。这时，一个光着脚的小女孩站在旁边，看着他吃。小宝发现了这个小女孩，立刻将手中的窝头分一半给了小女孩。郑板桥知道后，非常高兴，对小宝说："孩子，你做得对，爹爹真为你骄傲！"

郑板桥对于女儿也非常关心。在他的影响和熏陶下，女儿在诗画方面也达到了相当高的水平。眼看女儿就到出嫁的年龄了，还未找到合适的对象。他主动为女儿选择了对象,并且一反婚事大操大办的习俗,自己亲自将女儿送到男方家里,让男方家人做了几个小菜,以示庆贺。当他要离开时,才告诉女儿说:"这就是你的家,你就安心在这里过吧!"他为了表示自己对女儿婚事的祝贺,特意作画一幅作为嫁妆送给女儿,在这幅画上,他题写了一首小诗:"官罢囊空两袖寒,聊凭卖画佐朝餐。最惭吴隐奁妆薄,赠尔春风几笔兰。"

郑板桥非常注意对子女进行自立教育。直到临终前,他还让儿子亲手做几个馒头端到床前。当小宝把做好的馒头端到床前时,他放心地点了点头,随即合上了眼睛,与世长辞。临终前,他给儿子留下遗言:"流自己的汗,吃自己的饭,自己的事自己干,靠天靠人靠祖宗,不算是好汉。"这则遗言,是对子女的嘱咐,也是他对子女教育经验的总结和概括。

开卷有益

宋朝初年,宋太宗赵光义命文臣李昉等人编写一部规模宏大的分类百科全书——《太平总类》。这部书收集摘录了一千六百多种古籍的重要内容,分类归成五十五门,全书共一千卷,是一部很有价值的参考书。这部书是宋太平兴国年间编成的,故定名为《太平总类》。对于这样一部巨著,宋太宗规定自己每天至少要看两三卷,一年内全部看完,遂更名为《太平御览》。

当宋太宗下定决心花精力翻阅这部巨著时,有人觉得皇帝每天要处理那么多事务,还要去读这部书,太辛苦了,就去劝告他少看些,也不一定每天都得看,以免过度劳神。可是,宋太宗却回答说:"我很喜欢读书,从书中常常能得到乐趣,多看些书,总会有益处,况且我并不觉得劳神。"于是,他坚持每天阅读三卷,有时因处理国事耽搁了,他也要抽空补上,并常对左右的人说:"只要打开书本,总会有好处的。"宋太宗由于每天阅读三卷《太平御览》，学问十分渊博，处理国家大事也得心应手。当时的大臣们见皇帝如此勤奋读书，也纷纷努力读书，导致当时读书的风气很盛，连平常不读书的宰相赵普，也孜孜不倦地阅读《论语》，有"半部《论语》治天下"的说法。

后来，"开卷有益"便成了成语，形容只要打开书本读书，总有益处，常用以勉励人们勤奋好学，多读书就会有所得。

原文

为官心存君国①，岂计身家。

【字词注解】

①君国：国家和君主。

【精彩解说】

做官的时候心里要有国君和国家，怎么可以计较自己的家庭。

【智慧解析】

父母官，即做官的对待百姓要像对待儿女那样疼爱，为百姓着想。用今天的话说，就是做官一定要为百姓、为国家着想。只有真正为国为民的人才能算是一个好官。

拓展阅读

廉洁奉公，为民谋利

孙谦（425—516年）字长逊，东莞郡莒（位于今山东境内）人。孙谦自十七岁为官，历仕宋、齐、梁三朝，后被朝廷召为光禄大夫。他廉洁奉公，为民谋利，留下了良政廉绩，成为诸葛亮之后又一位为国为民鞠躬尽瘁的官员楷模。

孙谦自十七岁就任左军行参军，以处事得当著称。后因父病去世，他便离职寄居在历阳。那时，他的弟弟妹妹尚年幼，孙谦便成了家中的顶梁柱，外耕作，内持家，乡邻父老都被他的忠厚朴实、吃苦耐劳所感动。

南朝宋江夏王刘义恭，听说孙谦为人为官之德才，起用他为行参军。后来让其出任句容令，以谨慎清廉、博闻强识享誉内外，被县里百姓称为神明。

宋明帝时，因建安王的推荐，升他为明威将军、巴东与建平二郡太守。此二郡地处长江三峡，深山密林里居住着蛮、獠等少数民族。对不服从管制的少数民族，从前的地方长官以镇压为主，致使此地民心不稳，危机四伏。孙谦却出人意料，他坚决不带明帝所赐的兵士，几乎是单枪匹马前去赴任。上任后，孙谦大有孔明之风，一改前任的镇压法，他以攻心为上，广施恩惠，在闭塞之区推行教化，尊重少数民族风俗，使得蛮人和獠人心服口服，纷纷争献黄金和珍宝给孙太守。孙谦婉辞礼物，劝慰他们回去后要安居乐业，又释放了前任官员掳掠的蛮人。一时二郡安宁，三年风平浪静。

梁武帝天监六年（507年），八十多岁的孙谦，仍负有辅国将军、零陵太守的重任。年老体衰的他，仍勤于政事。连郡中有虎伤人，他也认真对待，直至虎无迹、百姓平安无事方休。

孙谦到任一地，便劝农桑，施教化，使人人安居，家家乐业。地亦尽其力，收成也比邻境好。孙谦任巴建二郡的太守，赴任之地乃遥远的蛮夷区，但他甘冒风险，轻车简从，为国节省不少开支。就是在这个任上，他免除了自己俸禄中收取本地赋税的部分，尽力减轻郡内百姓的负担。

不贪不占、严格自律的孙谦，在钱塘令任上，政绩显著。他从不接受官员和百姓的礼物。为谢其功，当他离任时，百姓赠送的礼物就有几马车，他都坚辞不受。

孙谦的廉洁，在他一生的任所上，都是有口皆碑的。生活俭朴的他，床边只用苇子或竹编的粗席子当屏风。冬天盖的是平民百姓盖的布被，铺的是莞草席子，在蚊蝇肆虐的夏季，他也舍不得用帐子来御蚊。每当离职，孙谦自己并无私院豪宅入住，只好栖身在官府不用的空车棚子里。

官德如孔明的孙谦,从小知民情。为官三朝,从基层到殿前高官,每至一地,抚慰百姓,勤政为民,发展经济,功果显明,众民赞不绝口。其为官之赫赫政绩,也展示于三朝同僚面前,梁武帝下诏说:光禄大夫孙谦,清廉谨慎,名声卓著,始终不怠,是高年老臣,应加以优待。可赠他亲信二十人,并许专人扶他上朝。

孙谦去世后,梁武帝下诏赐钱三万,布五十匹,并亲自为这位廉吏举哀,悲惜之状可见。

廉洁奉公,严于律己

赵轨是河南洛阳人。他的父亲赵肃是东魏的廷尉卿。

赵轨少年时好学,有操行。北周的蔡王引荐他做了记室,因守贫刻苦而知名。后升为卫州治中。隋高祖接受禅让,赵轨转任齐州别驾,才名日盛。他的东边邻居家里有桑树,桑葚落到了他家,赵轨派人把桑葚全都拾起来还给邻居,他告诫几个儿子说:"我不是用这种行为求得名声,这是别人劳作得来的东西,不应侵占。你们应该把这话作为告诫。"他在齐州四年,政绩考核连续最佳。持节使者邳阳公梁子恭上奏朝廷,隋高祖赞许赵轨,赐给他三百匹绸缎、三百石米,征召他入朝做官。乡亲父老前来送别,各自擦眼泪说:"别驾在官任,水和火的小事都不触犯百姓,因此不敢用一壶酒送别您。您清廉像水,我们斟上一杯水为您饯行。"赵轨接过水喝了。他到了京城之后,皇帝下令让他与奇章公牛弘撰写制定法律、命令、规则。当时卫王杨爽做原州总管,皇帝见杨爽年轻,而赵轨在做官的地方有名声,就任命赵轨做原州总管司马。

一次夜行,赵轨身边人的马跑进了田地里,马踏坏了庄稼。赵轨停下马等到天明,查找庄稼的主人,偿付了钱才离开。原州百姓官吏听到这件事，没有谁不改变操行。几年后，赵轨升任硖州刺史，他安抚聚合各族人民，对百姓广施恩惠。不久，他被任命为寿州总管长史。芍陂先前有五门围堰，荒废了也没人修整。赵轨于是鼓励督促人们又开了三十六门围堰，灌溉田地五千多顷，当地百姓都因此获得了丰收。

左宝贵忠心爱国

左宝贵（1837—1894年），字冠廷，山东费县（今平邑县）人，回族，清末将领。

左宝贵出身贫苦，自幼父母双亡。咸丰六年（1856年），左宝贵携两弟应募从军，投效江南军营，此后转战于大江南北，开始了他的戎马生涯。1868年，晋参将，赏加副将衔。1872年，赏加总兵衔。1875年，从刑部尚书崇实北上，以客军驻防奉天（今沈阳）。1889年，递升为广东高州镇总兵，仍驻留奉天。

左宝贵驻军奉天二十年，"治军严肃，重文士，爱材勇，功不吝赏，罚不私刑，士乐为用"。他不仅"晓畅兵事，谋勇兼优"，而且热心地方公益事业，重视教育，设义学数处，还设立赈灾粥厂、同善堂、栖流所等慈善机构。

光绪二十年（1894年）春，日本发动侵朝战争。左宝贵主张武装抗日。六月二十三日，日本挑起甲午中日战争。七月六日，左宝贵奉命统率奉天马步十三营，同马玉昆、卫汝贵、丰升阿各部共一万三千余人驻平壤，增援在朝清军。八月十日，在大同江上游堵击日军，击沉日船数艘。十二日，与毅军（淮系）统领总兵马玉昆合力，击退敌人数次进攻。

八月十四日凌晨，日军对平壤发起总攻。左宝贵率奉军驻守城北的牡丹台、玄武门一线。开始时"宝贵自至城上指挥，我军力御之，倭人伤无数"。但由于敌我兵力悬殊，在日军步炮夹击下，逐渐不支。玄武门外五处堡垒及牡丹台相继失守。左宝贵"知势已瓦解，志必死"，于是按照回族礼节，进行沐浴，穿戴上御赐朝服，登陴督战，并亲自点燃大炮，部下士卒备受鼓舞，拼死抵御，击退敌军多次进攻。但终因寡不敌众，九月十五日，左宝贵不幸被敌炮击中，壮烈殉国。其忠骸留在了朝鲜。追赐其太子少保衔，谥号忠壮。

　　清政府在左宝贵的祖茔地为他建造了衣冠冢，立碑记德，题记"气壮山河"。后来朝鲜人民在平壤为他建祠堂，并立起用朝、汉两种文字书写的"左宝贵战死之地"碑，以纪念为国捐躯的抗日英雄。左宝贵的崇高爱国精神和浩然正气，永远激励着后人。

中华传统文化国粹经典文库书目

第一辑

序号	书名	作者/编者	导读者
1	三国演义	[明] 罗贯中/著	郑铁生
2	水浒传	[明] 施耐庵/著	宁稼雨 石 麟
3	西游记	[明] 吴承恩/著	孟昭连
4	红楼梦	[清] 曹雪芹 高鹗/著	郑铁生
5	镜花缘	[清] 李汝珍/著	欧阳健
6	白话聊斋	[清] 蒲松龄/著	王晓华
7	阅微草堂笔记	[清] 纪昀/著	吴 波
8	西厢记	[元] 王实甫/著	周传家
9	世说新语	[南朝宋] 刘义庆/著	侯忠义
10	山海经	[汉] 刘歆/编	马文大
11	道德经	[春秋] 老子/著	王 蒙
12	四库全书	[清] 纪昀等/编	林 骅
13	唐诗三百首	立 人/编	徐 刚
14	元曲三百首	立 人/编	查洪德
15	宋词三百首	立 人/编	韩小蕙
16	中华成语典故	立 人/编	陈世旭
17	中华寓言故事	立 人/编	陈世旭
18	颜氏家训	[南北朝] 颜之推/著	孙钦善
19	治家格言	[清] 朱伯庐/著	李硕儒
20	了凡四训	[明] 袁了凡/著	俞 前
21	增广贤文	立 人/编	孙立仁
22	牡丹亭	[明] 汤显祖/著	周传家
23	随园诗话	[清] 袁枚/著	潘务正
24	人间词话	王国维/著	陈世旭
25	楚 辞	[战国] 屈原等/著	石 厉
26	吴越春秋	[东汉] 赵晔/著	田秉锷
27	菜根谭	[明] 洪应明/著	俞 前
28	小窗幽记	[明] 陈继儒等/著	陈喜儒
29	围炉夜话	[清] 王永彬/著	陈喜儒
30	浮生六记	[清] 沈复/著	王晓华
31	传习录	[明] 王阳明/著	王建新
32	说文解字	[东汉] 许慎/著	冯 蒸

第二辑

序号	书名	作者/编者	导读者
1	史记	[西汉] 司马迁/著	关四平
2	资治通鉴	[北宋] 司马光/编	张秋升
3	春秋左传	[春秋] 左丘明/著	石定果
4	战国策	[西汉] 刘向/编	李瑞兰
5	汉 书	[东汉] 班固/著	关四平
6	三国志	[晋] 陈寿/著	郑铁生
7	古文观止	[清] 吴楚材 吴调侯/编	牛 倩
8	论 语	[春秋] 孔子等/著	石 厉
9	孟 子	[战国] 孟子/著	邵永海

中华传统文化国粹经典文库书目

序号	书名	作者/编者	导读者
10	庄子	[战国]庄子/著	尚学峰
11	荀子	[战国]荀子/著	尚学峰
12	管子	[春秋]管子等/著	官铎
13	墨子	[战国]墨子等/著	陈鹏程
14	韩非子	[战国]韩非/著	邵永海
15	列子	[战国]列子/著	陈鹏程
16	鬼谷子	[战国]鬼谷子/著	张世林
17	淮南子	[西汉]刘安等/著	张秋升
18	诸子百家	立 人/编	张弦生
19	孔子家语	孔子门人/编	薄克礼
20	吕氏春秋	[战国]吕不韦等/编	田秉锷
21	礼记·尚书	[西汉]戴圣/著	冯蒸
22	三言二拍	[明]冯梦龙 凌濛初/著	宁宗一
23	隋唐演义	[清]褚人获/著	欧阳健
24	聊斋志异	[清]蒲松龄/著	林骅
25	儒林外史	[清]吴敬梓/著	吴波
26	东周列国志	[明]冯梦龙/著	侯忠义
27	弟子规·千家诗	[清]李毓秀/著 [南宋]谢枋得 王相/编	郑铁生
28	孙子兵法·三十六计	[春秋]孙武/著	李海涛
29	容斋随笔	[南宋]洪迈/著	李硕儒
30	纳兰词	[清]纳兰性德/著	李硕儒
31	豪放词·婉约词	立 人/编	韩小蕙
32	唐宋散文八大家	立 人/编	卓然

第三辑

序号	书名	作者/编者	导读者
1	中华上下五千年	立 人/编	林海清
2	二十五史	立 人/编	林海清
3	四书五经	立 人/编	张弦生
4	智囊全集	[明]冯梦龙/编	周传家
5	贞观政要	[唐]吴兢/著	张弦生
6	诗经	[春秋]孔子/编	石厉
7	孝经	[春秋]孔子/著	田秉锷
8	挺经	[清]曾国藩/著	王建新
9	易经	立 人/编	李树果
10	冰鉴	[清]曾国藩/著	陈喜儒
11	糊涂经	立 人/编	周传家
12	周易全书	立 人/编	郑铁生
13	黄帝内经	立 人/编	廉玉麟
14	本草纲目	[明]李时珍/著	廉玉麟
15	三字经·百家姓·千字文	[南宋]王应麟 [南北朝]周兴嗣/著	乔卉林
16	大学·中庸	[春秋]曾子 [战国]子思/著	牛倩
17	曾国藩家书	[清]曾国藩/著	武道房
18	唐诗·宋词·元曲	立 人/编	卓然
	未完待续……		